# Henri Brunner

# Rechts oder links

### IN DER NATUR UND ANDERSWO

WILEY-VCH

Weinheim · New York · Chichester · Brisbane · Singapore · Toronto

Prof. Dr. Henri Brunner
Institut für Anorganische Chemie
Universitätsstraße 31
93040 Regensburg

Die Deutsche Bibliothek -– Cip-Einheitsaufnahme

**Brunner, Henri**
Rechts oder links – In der Natur und anderswo
/ Henri Brunner. – 1. Aufl. – Weinheim: Wiley-VCH, 1999
ISBN 3-527-29974-2

Gesamtkonzeption und Satz: Anne Sommer-Meyer,
mmad Kommunikation, D-69469 Weinheim
Druck: Druckhaus Darmstadt, D-64295 Darmstadt
Bindung: Grossbuchbinderei W.Osswald,
D-67433 Neustadt/Wstr.

Printed in the Federal Republic of Germany

Impressum

Wer nur Chemie macht, macht auch die nicht richtig. Dieser Erkenntnis des Philosophen Lichtenberg folgend, habe ich immer versucht, meine stereochemischen Fachvorträge auch vor einem Auditorium von Chemikern mit einer Einleitung über das Bild/Spiegelbild-Phänomen und Beispielen aus der Natur und dem täglichen Leben zu beginnen. Die Erfahrung zeigt, daß diese

## „DAS IST DOCH DER MIT DEN SCHNECKENHÄUSERN UND SCHWEINESCHWÄNZCHEN"

anschaulichen Beispiele leichter im Gedächtnis haften bleiben als abstrakte wissenschaftliche Sachverhalte. So ist es mir schon passiert, daß ich bei Einladungen zu einem Gastvortrag noch vor Vortragsbeginn aus dem Zuhörerkreis Bemerkungen hörte wie „Das ist doch der mit den Schneckenhäusern und Schweineschwänzchen".

Ich habe noch nie Bemerkungen gehört wie „Das ist doch der mit den chiralen Übergangsmetallatomen und den enantioselektiven Katalysatoren", die ich in meinen Forschungsarbeiten behandle. Daher sammle ich seit längerer Zeit alles, was mit dem Phänomen Bild/Spiegelbild zu tun hat. Einige dieser Bilder, Gedanken und Geschichten sind im vorliegenden Buch zusammengefaßt.

Ausgehend von bekannten Rechts/Links-Phänomenen wird zunächst in die Bild/-Spiegelbild-Thematik eingeführt. Es wird gezeigt, daß bei gewundenen Säulen rechts und links gleichberechtigt sind, bei Schneckenhäusern dagegen ganz und gar nicht, denn da dominiert die Rechtshändigkeit. Bei den Schrauben der Technik hat man sich weltweit für die Rechtsform entschieden, und Schlingpflanzen wissen genau, ob sie rechtshändig oder linkshändig klettern müssen. Die in der Natur zu beobachtende Rechts/Links-Selektivität wird dann, auch für den Nicht-Chemiker verständlich, auf die Einheitlichkeit der Stoffwechselvorgänge im Bereich der Atome und Moleküle zurückgeführt. Anschließend wird die Bild/Spiegelbild-Thematik ergänzt, vertieft und verbreitert.

# INHALTSVERZEICHNIS

I
Inhalt

## 81 - 155  ERKLÄRUNG

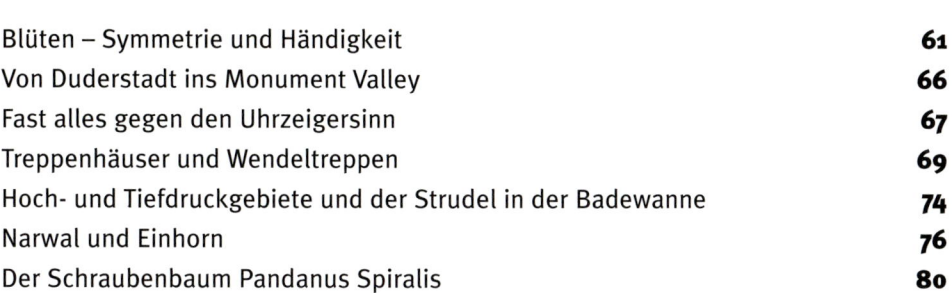

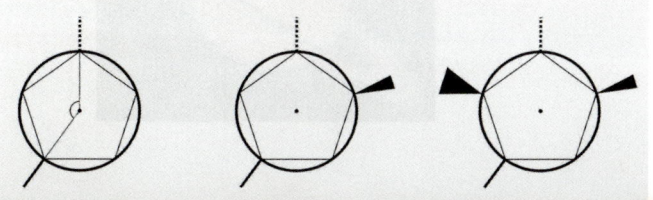

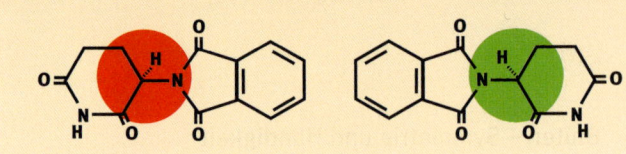

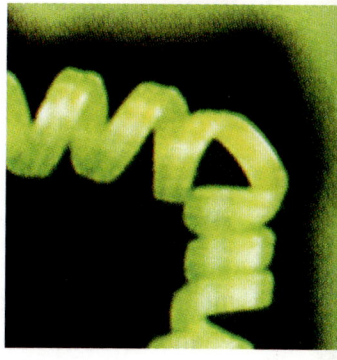

## BILD UND SPIEGELBILD BEI HÄNDEN UND FÜSSEN

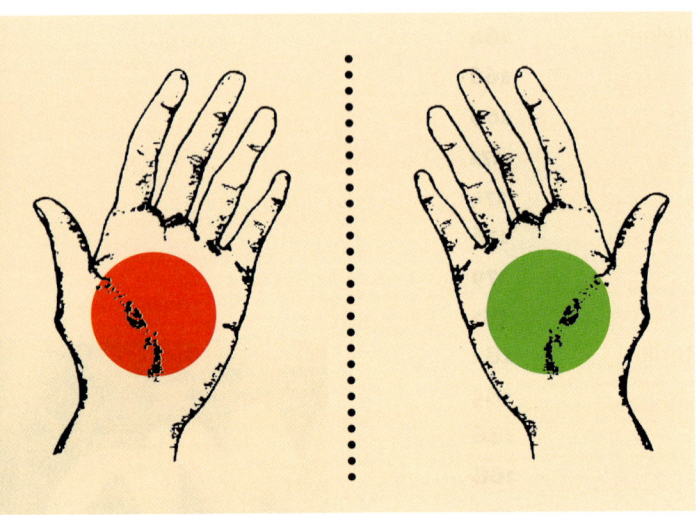

**Abb. 1** Rechte Hand und linke Hand – Bild und Spiegelbild

**B**etrachtet man sich im Spiegel, so sieht man sich nicht so, wie einen die anderen sehen, sondern man sieht sein Spiegelbild. Das ist ein Unterschied. Wie von einem Antlitz, kann man von allem und jedem das Spiegelbild erzeugen.

Rechte Hand und linke Hand verhalten sich wie Bild zu Spiegelbild (Abb. 1). Dabei zeigt der rote Punkt das Bild, der grüne Punkt das Spiegelbild an. Die beiden Hände sind das bekannteste Beispiel dafür, daß sich Bild und Spiegelbild nicht miteinander zur Deckung bringen lassen. Die Hände haben dem Bild/Spiegelbild-Phänomen auch den Namen Chiralität gegeben: Chiralität bedeutet Händigkeit und ist vom griechischen χειρ = Hand abgeleitet. Im vorliegenden Buch werden anstelle der Fremdwörter chiral und Chiralität ausschließlich die deutschen Begriffe händig und Händigkeit benützt.

Auch die beiden Füße verhalten sich wie Bild zu Spiegelbild. Sie haben den französischen Mathematiker und Philosophen Descartes Anfang des 16. Jahrhunderts zu folgendem Bonmot angeregt:

> „WER NICHT IN LACHEN AUSBRICHT,
> WENN ER AUF SEINE BLOSSEN FÜSSE HINUNTERSCHAUT,
> DER HAT ENTWEDER KEINEN SINN FÜR HUMOR
> ODER KEINEN SINN FÜR SYMMETRIE."

Was für Hände und Füße gilt, trifft natürlich auch auf Handschuhe und Schuhe oder auf Augen und Ohren zu. In diesen Fällen ist die Rechts/Links-Unterscheidung allerdings gebräuchlicher als die Bild/Spiegelbild-Differenzierung.

Ob von einem Körper Bild und Spiegelbild miteinander zur Deckung zu bringen sind oder nicht, hängt, wie später näher ausgeführt wird, von seinen Symmetrieeigenschaften ab. Hände und Füße, die man nicht mit ihren Spiegelbildern zur Deckung bringen kann, gehören zur großen Gruppe der händigen Dinge. Dieses Miteinander-zur-Deckung-bringen und Nicht-miteinander-zur-Deckung-bringen soll zunächst an etwas so Einfachem wie den Buchstaben erklärt werden.

## BILD UND SPIEGELBILD BEI BUCHSTABEN

Gegeben sei der Anfangsbuchstabe des Alphabets, A. Spiegelt man in Abbildung 2 das linke A Punkt für Punkt an der mittleren Linie, so entsteht rechts sein Spiegelbild. Durch Verschiebung des linken A nach rechts oder des rechten A nach links lassen sich Bild und Spiegelbild übereinanderschieben oder, wie man sagt, zur Deckung bringen. A ist daher kein händiger Buchstabe. Bild und Spiegelbild sind identisch. Durch die rote und grüne Markierung in Abbildung 2 soll angedeutet werden, daß es sich um Bild und Spiegelbild handelt. Die Unterbrechung der Farbe bei A bringt zum Ausdruck, daß Bild und Spiegelbild identisch sind. Andere Buchstaben, die sich bei einer Spiegelung wie A verhalten, sind B, C, D, E, H usw. Der erste händige große Buchstabe im Alphabet ist F.

Abbildung 2 zeigt Bild (rot) und Spiegelbild (grün) von F. In diesem Fall gelingt
es nicht, durch Verschiebung oder
Drehung innerhalb der Ebene aus dem
Spiegelbild, dem „falschen" Buchstaben,
das Bild, den „richtigen" Buchstaben, zu
machen. Für F sind Bild und Spiegelbild
im zweidimensionalen Raum nicht miteinander zur Deckung zu bringen. Dies
gelänge erst, wenn man die dritte Di-
mension zu Hilfe nehmen und den Buchstaben durch den Raum „umklappen"

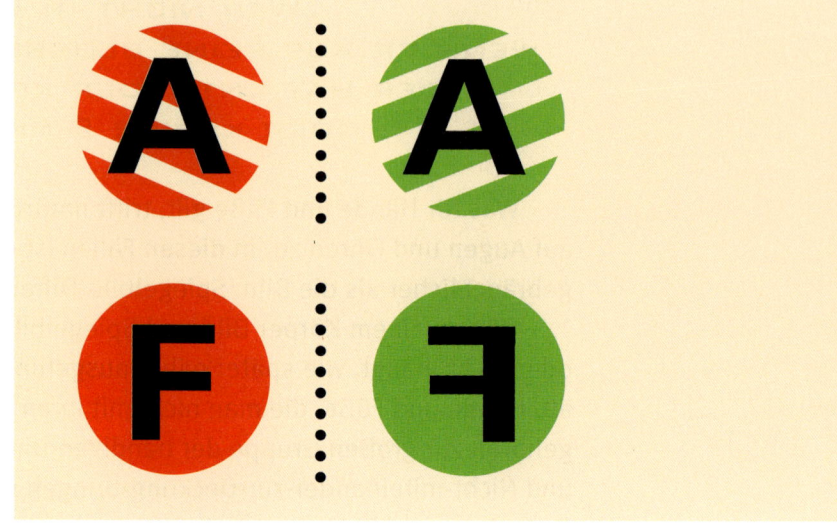

**Abb. 2**     A und F – Bild und Spiegelbild im zweidimensionalen Raum

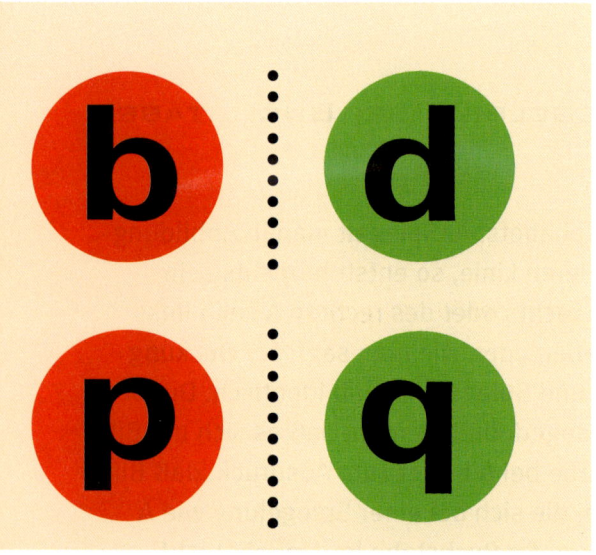

**Abb. 3**     b/d und p/q – spiegelbildliche Buchstaben

würde. F ist damit in der Ebene ein händiger
Buchstabe. Bild und Spiegelbild sind defini-
tiv voneinander verschiedene Formen.
Andere Buchstaben, die sich bei einer Spiegelung wie F verhalten, sind G, J, L, N und P,
wovon sich der Leser leicht selbst überzeugen kann.

Es ist selbstverständlich, daß diese
Ausführungen nur gelten, wenn die Buch-
staben relativ abstrakt geschrieben sind.
Wählt man eine etwas mehr „barocke"
Schreibweise, so wird z.B. auch *A* zu einem

**4**
**Einführung**

händigen Buchstaben. Bei den kleinen Buchstaben ist interessant, daß sowohl bei b/d als auch bei p/q Bild und Spiegelbild benützt werden (Abb. 3), wobei den spiegelbildlichen Formen eine unterschiedliche Bedeutung zukommt.

Was passiert bei einer nochmaligen Spiegelung des Spiegelbilds? Beim nicht-händigen Buchstaben A, bei dem Bild und Spiegelbild ohnehin schon identisch waren, entsteht auch durch nochmalige Spiegelung keine neue Form. Spiegelt man dagegen das Spiegelbild des händigen Buchstaben F, also das „falsche" F, so kommt man zwangsläufig zur Ausgangsform, zum „richtigen" F, zurück. Dabei ist es gleichgültig, ob in Abbildung 2 das Spiegelbild an der zentralen Linie oder an einer anderen Linie gespiegelt wird. Die Linie, an der gespiegelt wird, darf auch den Buchstaben F schneiden.

Diese Aussagen gelten nicht nur für Buchstaben; sie sind zu verallgemeinern. Bei nicht-händigen Objekten führen eine oder auch mehrere Spiegelungen immer wieder zur gleichen Form. Bei händigen Objekten dagegen entsteht bei einer Spiegelung aus dem Bild das Spiegelbild. Eine Spiegelung des Spiegelbilds führt zwangsläufig zur Ausgangsform zurück. Neue Formen treten damit nach der ersten Spiegelung nicht mehr auf.

## Die Welten der händigen und der nicht-händigen Körper

Wir haben A soeben als nicht-händigen Buchstaben kennengelernt. Bild und Spiegelbild sind miteinander zur Deckung zu bringen. Sie sind identisch und stellen ein- und dieselbe Form dar. A gehört damit zur Welt der nicht-händigen Objekte. F ist ein händiger Buchstabe. Bild und Spiegelbild sind voneinander verschiedene Individuen, die nicht miteinander zur Deckung gebracht werden können. F gehört damit zur Welt der händigen Objekte, wobei diese Welt noch in eine Bildhälfte und in eine Spiegelbildhälfte zerfällt.

Wie bereits angedeutet, ist der Unterschied zwischen diesen beiden Welten durch die Symmetrieeigenschaften der Körper bedingt, die ihnen angehören. Dieser Punkt wird später noch genauer ausgeführt. Dabei wird von Symmetrieelementen wie Drehachsen, Inversionszentren, Symmetrieebenen und Drehspiegelachsen die Rede sein. Diese Symmetrieelemente brauchen wir aber zunächst nicht. Das

### HÄNDIGKEIT UND SYMMETRIE

Kriterium des „Zur-Deckung-bringens" und „Nicht-zur-Deckung-bringens" reicht vollständig aus, um jedes Objekt einer der beiden Welten, der händigen und der nicht-händigen, zuzuordnen. Es ist ein notwendiges und hinreichendes Kriterium für diese Einteilung. Darin liegt der große Wert der Begriffe „Zur-Deckung-bringen" und „Nicht-zur-Deckung-bringen".

### SPIEGELSCHRIFT

In einem Spiegel wird Schrift zur Spiegelschrift. Dabei kann, wie jeder schon beobachtet hat, die Spiegelung auch an einer Schaufensterscheibe oder einer reflektierenden Wasseroberfläche erfolgen. Wie Abbildung 4 am Beispiel AMBULANZ zeigt, ist das Wort im Spiegelbild nicht wie gewohnt von links nach rechts, sondern von rechts nach links zu lesen. An den einzelnen Buchstaben treten bei der Spiegelung die Veränderungen ein, die oben bereits für A und F besprochen wurden. Während die Buchstaben A und M am Wortanfang unverändert bleiben, erscheint der dritte Buchstabe B im Spiegelbild zwar seitenverkehrt, durch eine Drehung in der Ebene des Spiegels wird er jedoch wieder zu einem normalen B, zumindest dann, wenn die beiden Bäuche des B gleich groß sind. Bei den gespiegelten Buchstaben L, N und Z dagegen gelingt es nicht, durch Drehung in der Ebene

Abb. 4 AMBULANZ in Schrift und Spiegelschrift

des Spiegels aus den „falschen" Buchstaben die „richtigen" Buchstaben zu machen. Sie sind wie F händig. Bild und Spiegelbild sind damit für L, N und Z verschiedene Formen. Für A, M, B und U dagegen sind Bild und Spiegelbild identisch.

Auf der Vorderseite von Rettungswagen findet man manchmal das Wort AMBULANZ in Spiegelschrift. Sieht der Autofahrer den Rettungswagen von hinten kommen, so liest er das Wort im Rückspiegel richtig. Der Blick in den Rückspiegel ist eine Spiegeloperation, die Spiegelschrift wieder zur Schrift macht.

## Die Bedeutung des Bild/Spiegelbild-Phänomens

Wenn mir der Leser bis zu dieser Stelle gefolgt ist, wird bei ihm vielleicht der Eindruck entstanden sein, daß es sich beim Bild/Spiegelbild-Phänomen um eine ganz interessante Spielerei handelt, mit der man beispielsweise aus „richtigen" Buchstaben „falsche" Buchstaben machen kann. Vielleicht ist auch der Eindruck aufgekommen, das ganze sei ein bißchen trocken, blutleer und ohne praktischen Wert. Dieser Eindruck trügt. Rechts/Links-Phänomene spielen nicht nur eine Rolle in der Symmetrielehre für die Wissenschaftsdisziplinen Mathematik, Physik, Chemie und Biologie, sondern auch für die Wirtschaft, und auch bei der Entstehung des Lebens war die Rechts/Links-Problematik von entscheidender Bedeutung. In diese Zusammenhänge soll im vorliegenden Buch eingeführt werden.

**Rechts und links
in Wissenschaft, Wirtschaft
und bei der
Entstehung des Lebens**

## Bild/Spiegelbild und rechts/links

Bei Händen und Füßen sind die Bezeichnungen „rechts" und „links" gebräuchlicher als „Bild" und „Spiegelbild". In der Wissenschaft haben sich zur Unterscheidung von Bild/Spiegelbild-Formen Nomenklaturen entwickelt, die sich von rechts und links ableiten, zum Beispiel $R$ und $S$ bzw. $re$ und $si$ von rectus und sinister oder $D$ und $L$ bzw. $d$ und $l$ von dextro und laevo. Auch die griechischen Buchstaben $\Delta/\Lambda$ und $\delta/\lambda$ für D/L

und d/l sind im
Gebrauch. Dies
führt dazu, daß
die Begriffe rechts und links in der Wissenschaft als Synonyme für Bild und Spiegelbild
verwendet werden. Auch im vorliegenden Buch wird so verfahren.

## RECHTS UND LINKS SYNONYME FÜR BILD UND SPIEGELBILD

## DAS BRENNENDE HAUS

Der Philosoph Lichtenberg ließ sich vom Amtsdeutsch der Ende des 18. Jahrhunderts erlassenen Feuerordnung der Universität Göttingen zu folgender Überlegung über die Rechts/Links-Problematik hinreißen (Abb. 5):

"WENN EIN HAUS BRENNT,
SO MUSS MAN VOR ALLEN DINGEN
DIE RECHTE WAND DES ZUR LINKEN STEHENDEN HAUSES
UND DIE LINKE WAND DES ZUR RECHTEN STEHENDEN
HAUSES ZU DECKEN SUCHEN;
DENN WENN MAN ZUM EXEMPEL DIE LINKE WAND
DES ZUR LINKEN STEHENDEN HAUSES DECKEN WOLLTE,
SO LIEGT JA DIE RECHTE WAND DES HAUSES
DER LINKEN WAND ZUR RECHTEN, UND FOLGLICH,
DA DAS FEUER AUCH DIESER WAND
UND DER RECHTEN WAND ZUR RECHTEN LIEGT
(DENN WIR HABEN JA ANGENOMMEN,
DASS DAS HAUS DEM FEUER ZUR LINKEN LIEGE),
SO LIEGT DIE RECHTE WAND DEM FEUER NÄHER

**Abb. 5**   Brennende Häuser
in der Roten Hahnengasse,
Regensburg

ALS DIE LINKE, UND DIE RECHTE WAND DES HAUSES
KÖNNTE ABBRENNEN, WENN SIE NICHT GEDECKT WÜRDE,
EHE DAS FEUER AN DIE LINKE, DIE GEDECKT WIRD, KÄME.
UM SICH DIE SACHE EINZUPRÄGEN,
MUSS MAN SICH NUR MERKEN:
WENN DAS HAUS DEM FEUER ZUR RECHTEN LIEGT,
SO IST ES DIE LINKE WAND,
UND LIEGT DAS HAUS DEM FEUER ZUR LINKEN,
SO IST ES DIE RECHTE WAND."

Die zeitlose Rache eines Spötters an der Bürokratie!

## RECHTS UND LINKS IN ALLTAG, POLITIK UND SPRACHE

„Der ist so dumm, daß er nicht einmal zwischen rechts und links unterscheiden kann". Auf diese Weise werden oft Leute charakterisiert, die auch mit einfachen Dingen Schwierigkeiten haben. Dabei ist die Rechts/Links-Unterscheidung gar nicht trivial. Den russischen Soldaten Peters des Großen, die vom Lande kamen, wurde nachgesagt, sie hätten zwar Heu von Stroh unterscheiden können, nicht aber rechts von links, eine Schwäche, die beim Exerzieren und Marschieren für ein Durcheinander sorgte. Die Lösung des Problems war einfach. Bei jedem Soldaten wurde auf der einen Stiefelspitze Heu und auf der anderen Stroh befestigt, und die Befehle waren nicht mehr rechts oder links, sondern Heu und Stroh. Diese Verbindung von Einfalt mit der Unfähigkeit, zwischen rechts und links zu unterscheiden, findet man bereits in der Bibel bei Jonas 4:11, wo Gott zum Propheten spricht:

„UND ICH SOLLTE KEIN MITLEID HABEN MIT NINIVE,
DER GROSSEN STADT, IN DER MEHR ALS ZWÖLFMAL
ZEHNTAUSEND MENSCHEN LEBEN,
DIE NICHT ZWISCHEN RECHTS UND LINKS UNTERSCHEIDEN
KÖNNEN, UND DAZU NOCH VIELE TIERE."

Offenbar haben mehr Leute als dies gerne zugeben eine gewisse Schwäche bei der Rechts/Links-Unterscheidung. Hilfsregeln wie „rechts ist dort, wo der Daumen links ist und links ist dort, wo der Daumen rechts ist" sind ein Ausdruck dafür. Der berühmte Physiker Hermann von Helmholtz bekannte in der Ansprache zu seinem 70. Geburtstag: „Früh zeigte sich auch ein Mangel meiner geistigen Anlage darin, daß ich ein schwaches Gedächtnis für unzusammenhängende Dinge hatte. Als erste Zeichen davon betrachte ich die Schwierigkeit, deren ich mich noch deutlich entsinne, rechts und links zu unterscheiden". Er gehörte offenbar zu den auf 15 bis 20 Prozent geschätzten Rechts/Links-Schwachen, die nicht in der Lage sind anzugeben, wo an ihrem Körper oder im Raum rechts und links sind, wenn diese Frage unerwartet an sie gestellt wird. Sie benötigen Hilfsüberlegungen wie rechts ist die Hand, die schreibt, oder rechts ist die Hand, die den Ehering trägt. Klinische Befunde ergaben, daß bestimmte Gehirnverletzungen zu plötzlicher Rechts/Links-Blindheit führen können. Das Beispiel Helmholtz zeigt, daß Rechts/Links-Schwäche nichts mit mangelnder Begabung zu tun hat.

Rechts und links sind Begriffe aus dem täglichen Leben. Sie haben denselben Stellenwert wie oben und unten oder hinten und vorn. Bei geographischen Richtungsangaben sind die Begriffe rechts und links weder positiv noch negativ besetzt. In der Politik jedoch be-

### DIE SCHWIERIGKEIT, RECHTS UND LINKS ZU UNTERSCHEIDEN

steht ein Zusammenhang zwischen rechts/links und der ideologischen Ausrichtung. Rechts bzw. links in einem Parlament sitzen einem Präsidenten gegenüber die Konservativen bzw. die Progressiven. Auch in der Sprache gibt es eine Verbindung zwischen rechts und recht, richtig, während links Bezug hat zu link, linkisch. Das gilt nicht nur für das Deutsche. Im Englischen heißt „right" rechts und richtig, im Französischen „à droite" und „le droit" rechts und das Recht und im Russischen „pravo" rechts und das Recht. Von „pravo" leitet sich auch die Bezeichnung Prawda (die Richtige, die Wahrheit) für das bekannte russische Presseorgan ab. Schon im Altgriechischen bedeuteten δεξιοζ rechts und segensreich sowie λαιοζ links und unheilvoll. Auch Ausdrücke wie „der rechte Glaube", „vom rechten Weg abweichen" und „mit dem linken Bein aufstehen" betonen diese Verbindung.

Rechtshändigkeit ist Mehrheitshändigkeit. Seit jeher dominiert beim Menschen eine angeborene Rechtshändigkeit (siehe später). Bis vor kurzem wurde die Linkshändigkeit geradezu unterdrückt, insbesondere in den Schulen. Generationen von Linkshändern können ein Lied davon singen. Heute wird die Linkshändigkeit zwar

**RECHTSHÄNDIGKEIT IST MEHRHEITSHÄNDIGKEIT**

toleriert, die De-facto-Diskriminierung ist aber immer noch offensichtlich, z.B. bei Gebrauchsgegenständen des täglichen Lebens wie Scheren, Kartoffelschälern oder Korkenziehern, die für Rechtshänder und Linkshänder verschieden sein sollten, es aber nicht sind. Linkshänder müssen mit diesen Geräten eigentlich verkehrt schneiden, schrauben und drehen.

Der
LINKs Händer

**Versand für Linkshänderartikel**

Manfred Link
Goethestrasse 15
63263 Neu-Isenburg
Tel/Fax: 06102 / 21541

# Machen Sie alles mit "links" ?

Es gibt heutzutage Firmen, die versuchen, Linkshändern das Leben zu erleichtern. Abbildung 6 zeigt das Logo und die Adresse einer solchen Versandfirma, deren Eigentümer treffend Manfred Link heißt. Hat hier der Name die Berufswahl beeinflußt?

**Abb. 6**    Linkshänderartikel-Versand

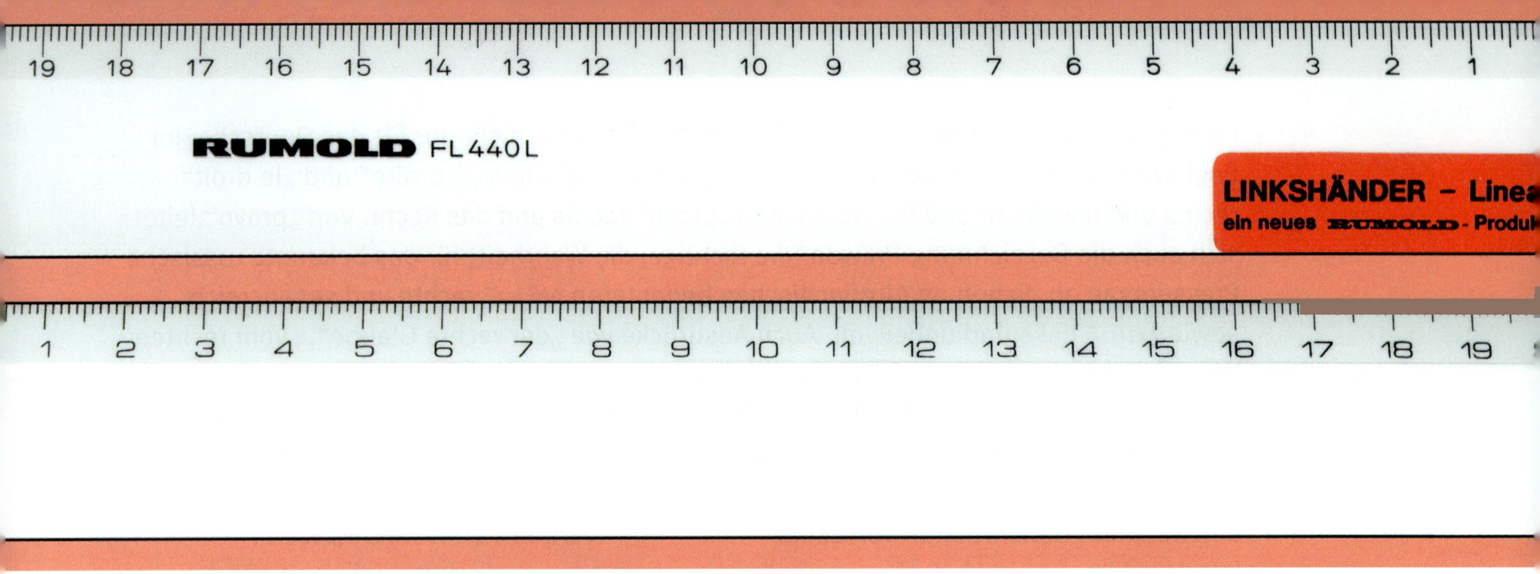

**RUMOLD** FL440L

LINKSHÄNDER – Linea
ein neues RUMOLD - Produk

**Abb. 7**  Linkshänder-Lineal (oben) und normales Lineal (unten)

Natürlich ist der Firmenprospekt kein normales Heftchen, dessen Titelblatt man mit der rechten Hand von rechts nach links umschlägt. Diesen Prospekt muß man von links nach rechts öffnen. Angeboten werden praktische Gegenstände, die rechts/links-differenziert sind, aber auch ein Bumerang, der mit der linken Hand zu werfen ist und ein Lineal, dessen Skala von rechts nach links läuft (Abb. 7). Ein solches Lineal für Linkshänder ist zum Abmessen von Strecken genauso gut geeignet ist, wie das darunter liegende normale Lineal.

Kürzlich ging durch die Presse, der britische Pianist Christopher Seed habe sich ein Klavier für Linkshänder bauen lassen. Während er bisher mit seiner geschickteren linken Hand die Begleitung spielen mußte, übernimmt auf seinem zu den üblichen Pianos spiegelbildlichen Instrument jetzt seine linke Hand den Part, den man normalerweise mit der rechten Hand spielt.

Natürlich haben Linkshänder beim Schreiben einer Schrift, die wie die unsrige von links nach rechts läuft, Schwierigkeiten. Um die Tinte oder andere Schreibflüssigkeiten nicht zu verwischen, kommt es zu der typischen gekrümmten Handstellung.

Der folgende Vierzeiler des österreichischen Sprachexperimentators Ernst Jandl ist zwar kein Bild/Spiegelbild-Phänomen. Er hat aber insofern mit rechts und links zu tun, als er zeigt, zu welch ungewöhnlichen Wortbildungen es kommt, wenn man nur die Anfangsbuchstaben von rechts und links vertauscht.

MANCHE MEINEN
LECHTS UND RINKS
KANN MAN NICHT VELWECHSERN.
WERCH EIN ILLTUM!

## RECHTS UND LINKS – GLEICHBERECHTIGT ODER NICHT?

Lassen wir die bisher besprochenen Beispiele Revue passieren. Rechte und linke Hand sind zwar im Prinzip gleichberechtigt, aber die Mehrzahl der Menschen hat eine angeborene Rechtshändigkeit, die eine tendenzielle Bevorzugung von rechts zur Folge hat.

Auch bei den Buchstaben erscheinen Bild und Spiegelbild zunächst völlig gleichberechtigt. Bei der Ausbildung der heutigen Buchstabenformen des lateinischen Alphabets mag der Zufall eine Rolle gespielt haben, der bei einer Alternative zwischen zwei Möglichkeiten willkürlich eine auswählt. Es mögen aber auch die Entwicklungsgeschichte der Buchstabenformen und sogar schreibtechnische Gegebenheiten, die von der für Rechtshänder besseren dextrograden Schreibweise beeinflußt wurde, beigetragen haben. Wäre die Entwicklung zur Spiegelschrift verlaufen, so würden wir heute in der Schule die Spiegelschrift erlernen. Unsere Schrift käme uns dann so seltsam vor, wie uns die heutige Spiegelschrift erscheint.

Auf die unterschiedliche Besetzung der Begriffe rechts und links in Sprache und Politik wurde hingewiesen und auch darauf, daß rechts und links als Richtungsangaben völlig gleichberechtigt sind. Eine Gleichberechtigung von Bild und Spiegelbild würden wir auch bei den spiraligen Säulen erwarten, die in Kunst und Architektur häufig anzutreffen sind. Dieser Thematik wollen wir uns als nächstes zuwenden, sobald wir die Rechts/Links-Definition für den Spiralsinn kennengelernt haben. Die Frage nach der Gleichberechtigung von rechts und links wird uns als zentrales Problem durch das ganze Buch begleiten.

## WANN IST EINE SPIRALE RECHTS- ODER LINKSHÄNDIG?

Die Rechts- oder Linkshändigkeit einer Spirale ist wie in Abbildung 8 gezeigt definiert. Man folgt der Spirale vom Beobachter weg; macht man dabei eine Bewegung im Uhrzeigersinn, so nennt man die betreffende Spiralform rechtshändig. Bei einer

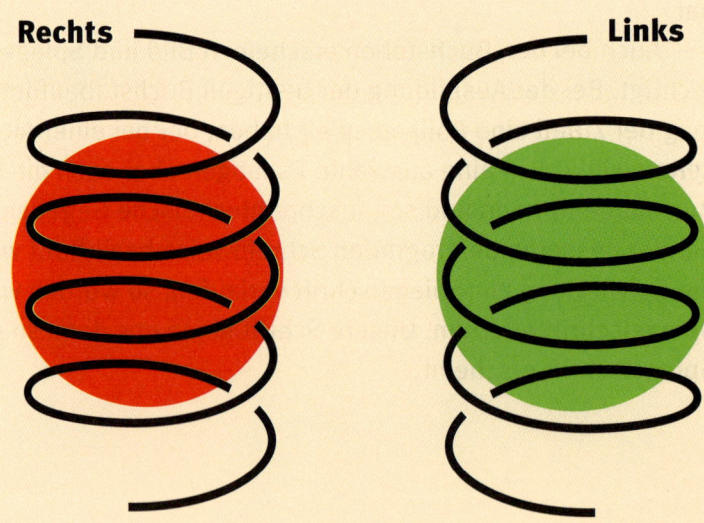

**Definition:**
**Man folgt der Spirale**
**vom Beobachter weg ...**

**Bewegung**
**im Uhrzeigersinn:**
**Rechts-Form**

**Bewegung**
**gegen den Uhrzeigersinn:**
**Links-Form**

Rechts          Links

Abb. 8    Definition von rechts und links bei Spiralen

Bewegung gegen den Uhrzeigersinn spricht man von Linkshändigkeit. Diese Definition ist nicht richtungsabhängig. Es ist gleichgültig, von welchem Ende der Spirale man ausgeht, man kommt immer zum selben Ergebnis.

Eine Spirale steckt in jeder Schraube, in jeder Wendel, in jeder Helix und in den gewundenen Säulen, von denen anschließend die Rede sein wird. Mit der Definition in Abbildung 8 kann man daher all diesen Strukturen die Bezeichnung rechts oder links zuordnen.

## GEWUNDENE SÄULEN – SPIEGELSYMMETRIE GEWAHRT

**D**ie gewundene Säule ist zwar eine für den Barock typische Zierform, man findet sie jedoch als Dekorationselement in allen Epochen. Abbildung 9 zeigt einen Barockaltar

**Abb. 9**     Barockaltar, Alte Kapelle, Regensburg

aus der Alten Kapelle in Regensburg. Auf der einen Seite des Altars steht eine rechtshändige Säule, auf der anderen Seite eine linkshändige. In der Mitte befindet sich eine Symmetrieebene.

Für die Künstler im Barock bedeutete das, daß sie für die beiden Altarseiten zueinander spiegelbildlich gedrehte Säulen anfertigen mußten. Es genügte nicht, eine lange Säule einheitlicher Drehrichtung herzustellen, sie in der Mitte auseinander zu schneiden und die beiden Hälften rechts und links aufzustellen. Ein solcher Altar würde die Spiegelsymmetrie verletzen und „optisch umfallen". Häufig finden sich an Barockaltären auch ganze Bündel gewundener Säulen, selbstverständlich unter Aufrechterhaltung der Spiegelsymmetrie, wie am Altar der romanischen Kirche in Neustift bei Brixen, deren Innenausstattung im Rokoko erneuert wurde (Abb. 10).

**Abb. 10**     Hochaltar, Kloster Neustift bei Brixen

**Abb. 11**     Hochaltar, Peterskirche, Rom

Der Aufbau des Hochaltars der Peterskirche in Rom besteht aus vier gedrehten Säulen, die einen Baldachin tragen (Bernini, 1633). Auch an diesem Altar verhalten sich sowohl die beiden vorderen zu den beiden hinteren Säulen als auch die beiden linken zu den beiden rechten Säulen wie Bild und Spiegelbild (Abb. 11). Dabei hat Bernini die Säulen an den Sockeln mit einem Muster zueinander paralleler Spiralen dekoriert, die wie die Säulen selbst rechts- bzw. linksgängig sind.

In europäischen Kirchen, vor allem in Barockkirchen, sind gewundene Ziersäulen etwas Alltägliches. In Lateinamerika dagegen wirken sie fremd, z. B. an der Fassade der Kirche der Gesellschaft Jesu von Quito in Ecuador (Abb. 12), in die man sogar Berninis Spiralmuster übernommen hat.

**Abb. 12**  Fassade der Jesuitenkirche von Quito, Ecuador

Gedrehte Ziersäulen schmücken in Kirchen nicht nur Altäre, sondern auch andere Teile der Inneneinrichtung. Am Beichtstuhl in Abbildung 13 (Alte Kapelle, Regensburg) ist wie bei einem Barockaltar die Spiegelsymmetrie bezüglich der gewundenen Säulen gewahrt.

Auch an Profanbauten findet sich häufig das Zierelement der gedrehten Säule. An den Rändern des Fensters in Abbildung 14 (Altstadt Pula, Istrien) stehen rechtshändige und linkshändige Säulen wiederum unter Berücksichtigung der Spiegelsymmetrie einander gegenüber.

**Abb. 13**   Beichtstuhl, Alte Kapelle, Regensburg

**Abb. 14**   Bürgerhaus, Altstadt Pula, Istrien

**Abb. 16**   Bauernhaus mit linkshändigen Ziersäulen

## GEWUNDENE SÄULEN
## – SPIEGELSYMMETRIE VERLETZT

**D**ie Mariensäule in Abbildung 15 ist rechtshändig. Sie ist ein Einzelexemplar, das auch linkshändig hätte ausfallen können wie die gewundenen Holzsäulen auf dem Balkon des Bauernhauses in Abbildung 16, die beide linkshändig sind.

In der Kirche der alten italienischen Universitätsstadt Camerino findet sich das Ziersäulenmotiv von Abbildung 17. Während der Künstler die beiden braunen Säulen außen, wie man es von der Symmetrie her erwarten würde, spiegelbildlich zueinander angelegt hat, sind die gelblichen Säulen innen beide rechtshändig. Welcher Teufel den Künstler bei dieser Symmetrieverletzung geritten hat, ist nicht bekannt. Wollte er damit etwas ausdrücken? Vielleicht handelt es sich aber auch schlicht um einen Fehler.

**Abb. 15**   Rechtshändige Mariensäule

**Abb. 17**    Motiv aus der Kirche von Camerino, Provinz Marken, Italien

Es gibt auch gewundene Säulen mit Händigkeitswechsel, sie sind allerdings sehr selten. Im Friedenssaal des Rathauses zu Münster findet sich neben einer durchgehend
rechtshändigen Säule eine geschnitzte Säule, die unten rechtshändig ist, in der Mitte ihre
Händigkeit wechselt und in der oberen Hälfte linkshändig fortsetzt (Abb. 18). Auf solche
geraden Säulen mit Händigkeitswechsel stößt man auch in der Unterkirche des Franziskus-
Komplexes in Assisi, die von den Erdbeben 1997/98 schwer beschädigt wurde.

Die Beispiele zeigen, daß das Thema Händigkeit von gewundenen Säulen nahezu unerschöpflich ist. Ob jedoch die Spiegelsymmetrie gewahrt oder verletzt ist – es ist offensichtlich, daß es für die Händigkeit von gedrehten Säulen keine Vorzugsrichtung gibt. Rechts- und Linksformen sind gleichberechtigt.

**Abb. 18**
Säule mit Händigkeitswechsel, Friedenssaal, Rathaus zu Münster

## SÄULEN – COMPUTERMANIPULIERT

Im Seitenschiff des Braunschweiger Doms wechseln rechtshändige und linkshändige Stützsäulen miteinander ab (Abb. 19). Das bringt Bewegung in den Raum und erzeugt einen lebhaften, fast unruhigen Eindruck. Hätte der Baumeister allen Säulen die gleiche Händigkeit gegeben, entstünde ein wesentlich ruhigerer Raumeindruck.

**Abb. 19**
Seitenschiff des Braunschweiger Doms

Mit der heutigen Computer-Bildtechnik läßt sich das Original (Abb. 20) mit abwechselnder Händigkeit der Säulen leicht so manipulieren, daß alle Säulen die gleiche Händigkeit haben (Abb. 21). Dazu werden dem Original die rechtshändigen Säulen – das sind die Nummern 1, 3 und 5 von links nach rechts gesehen – entnommen, invertiert und wieder in das Bild eingepasst. Dabei entsteht Abbildung 21 mit ausschließlich linkshändigen Säulen.

**Abb. 20**  Säulen abwechselnd rechtshändig und linkshändig

Abbildung 22 zeigt einen Fassadenausschnitt des Ottheinrichsbaus im Heidelberger Schloß. Im oberen Teil des Fensters sind die Säulen sowohl auf der linken als auch auf der rechten Seite einheitlich rechtshändig, und zwar über die ganze Fassade hinweg. Dies gilt sogar für die kleinen Säulen in der Mitte.

Macht man, wie in Abbildung 23 geschehen, mit Hilfe des Computers aus der rechten Säule der linken Fensterbegrenzung in Abbildung 22 eine linke Säule, dann stimmt die Symmetrie bezüglich der beiden großen Säulen. In Abbildung 23 steht jetzt rechts die rechte Säule (wie vorher) und links die linke Säule (manipuliert). Nach dieser „Symmetrisierung" ergibt sich aber für die kleine Säule in der Mitte in bezug auf die Spiegelsymmetrie ein Problem.

**Abb. 21**   Alle Säulen linkshändig

**Abb. 22** Fassade des Ottheinrichsbaus
im Heidelberger Schloß

**Abb. 23** Computergestützte Inversion
der Säule links am Fenster

In Abbildung 23 ist die Säule in der Mitte rechtshändig und damit zwar spiegelbildlich zur linken Begrenzung, aber nicht zur rechten. Natürlich ließe sich dieses Problem auch nicht mit einer linkshändigen Säule in der Mitte lösen. Die Säule in der Mitte kann eben nicht gleichzeitig das Spiegelbild zu einer rechtshändigen und einer linkshändigen Säule sein. Ist die Spiegelsymmetrie in einem solchen Fall überfordert? Mitnichten! Man könnte sich z.B. mit einem Säulenpaar, wie in Abbildung 24 gezeigt, helfen. Mit dem Rechts/Links-Paar in der Mitte von Abbildung 24 ist für beide Fensterhälften die Spiegelsymmetrie hergestellt. Solche Säulenkombinationen sind nicht neu, wie Abbildung 25 beweist, aufgenommen im Ausgrabungsfeld der römischen Stadt Hierapolis bei Pamukkale in der Türkei.

**Abb. 24**  Computergestützte Verdoppelung der kleinen Säulen in der Mitte

**Abb. 25**  Antikes Bild/Spiegelbild-Säulenpaar

# ALTÄRE – NACH OBEN OFFEN

**K**ehren wir zurück zu den Säulenpaaren, wie wir sie insbesondere an Altären finden. Ist es dabei gleichgültig, ob die rechtshändigen Säulen rechts oder links stehen und die linkshändigen entsprechend anders? Prüfen wir diese Frage an den Abbildungen 9 und 10. Das Ergebnis ist überraschend und kann verallgemeinert werden. In allen Fällen stehen die rechtshändigen Säulen rechts und die linkshändigen Säulen links. Zur Erklärung sind in Abbildung 26 jeweils zwei parallele Säulen einmal mit der rechtshändigen Verzierung rechts und der linkshändigen links und das andere Mal umgekehrt in abstrakter Form dargestellt.

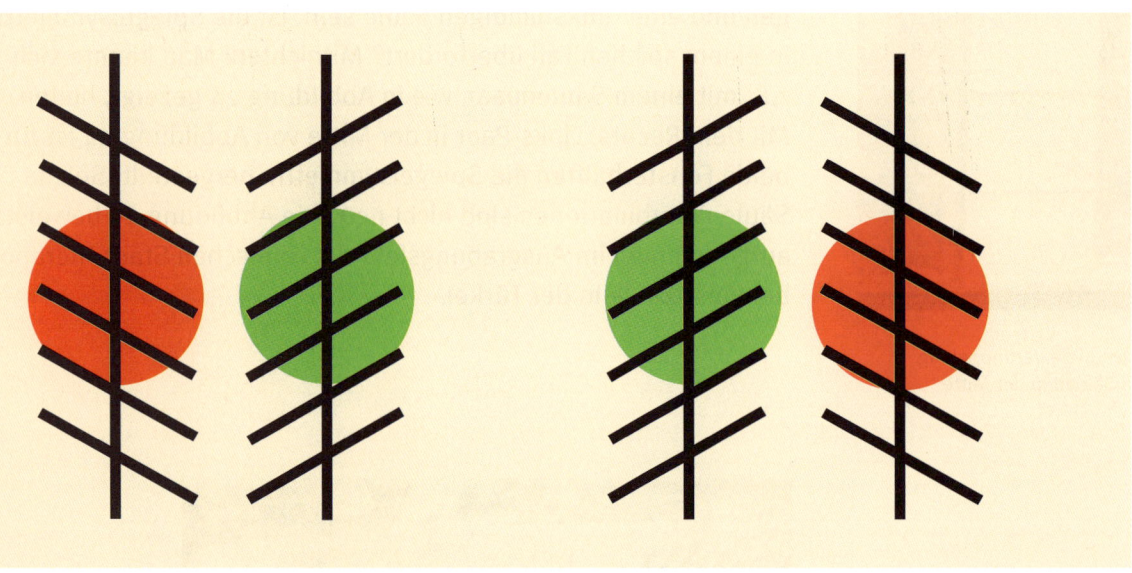

**Abb. 26**   Abstraktion der Händigkeit

Obwohl in beiden Fällen die Säulen streng parallel zueinander sind, erscheint das linke Paar in Abbildung 26 aufgrund einer optischen Täuschung nach oben auseinander-, das rechte dagegen zusammenzulaufen. Während sich das rechte Säulenpaar nach oben hin wie ein Dach schließt, öffnet sich das linke nach oben. Dieses Sich-himmelwärts-öffnen ist auch in den Abbildungen 9 und 10 offensichtlich. Der Altar in Abbildung 27 unterstreicht das. Dieser positive Effekt wird offenbar bei Säulenpaaren systematisch in Anspruch genommen. Ein weiteres Beispiel ist das Säulenpaar vor der Karlskirche in Wien (Abb. 28).

**Abb. 27** Hochaltar,
Dreifaltigkeitskirche
Regensburg

**Abb. 28** Karlskirche, Wien

Der Autor ist bisher erst auf einen repräsentativen Hochaltar gestoßen, in dem die Säulenstellung eindeutig umgekehrt ist (Abb. 29). Dieser Altar ziert die Michaelskirche an der Wiener Hofburg. Merville stellt in diesem Altar den Engelsturz dar (1782).

Bei diesem Sturz in die Verdammnis ist alles abwärts gerichtet. Das beginnt bereits mit den Strahlen der Gloriole oben im Bild. Die nach unten gerichtete Bewegung der fallenden Leiber wird durch die „vertauschte" Stellung der Säulen betont. Dadurch scheint sich der Altar wie ein Kegel nach unten zur Hölle hin zu öffnen. Es ist offensichtlich, daß Merville dieses Stilmittel mit Absicht zur Verstärkung der Abwärtsbewegung eingesetzt hat.

Obwohl wir jetzt rechtshändige Säulen an Altären in der Regel rechts und linkshändige links erwarten, wird für jede rechtshändige Säule eine linkshändige benötigt und umgekehrt. An der Gleichberechtigung von rechts und links ändert sich daher nichts. Überraschenderweise gilt jedoch diese Gleichberechtigung von rechts und links für die Natur nicht, wie im folgenden zunächst an Schneckenhäusern demonstriert werden soll.

**Abb. 29**   Hochaltar, Michaelskirche, Wien

**S**chneckenhäuser sind spiralige Gebilde, die im Prinzip rechtshändig oder auch linkshändig sein könnten. Abbildung 30 zeigt ein rechtshändiges Schneckenhaus auf der rechten Seite und ein linkshändiges auf der linken Seite. Dabei bestimmt man die Händigkeit, wie wir es bei den Spiralen in Abbildung 8 kennengelernt haben: Man folgt der Spirale vom Beobachter weg, beschreibt man dabei eine Bewegung im Uhrzeigersinn, so nennt man das Schneckenhaus rechtshändig. Eine Bewegung gegen den Uhrzeigersinn würde eine Linksspirale definieren. Natürlich ist es auch hier gleichgültig, von welcher Seite des Schneckenhauses, von der Spitze oder von der Öffnung, man ausgeht, in beiden Fällen ergibt sich die gleiche Händigkeit.

**Abb. 30**  Schneckenhäuser – Bild und Spiegelbild

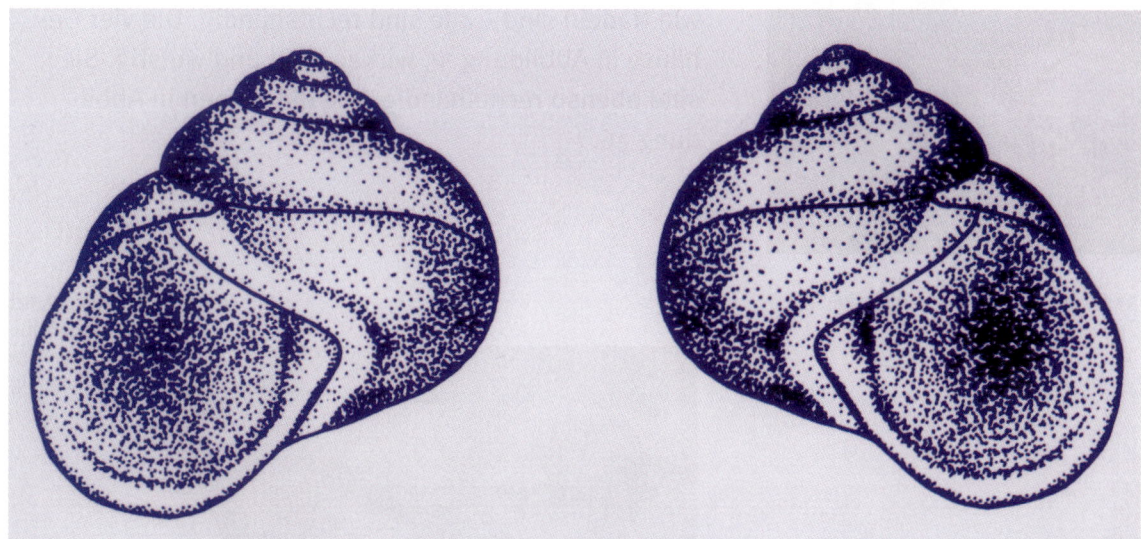

**Abb. 31** Gelbe Schnirkelschnecke – rechtshändig

**Abb. 32** Gesprenkelte Schnirkelschnecke – rechtshändig

Findet man bei Schnecken Rechts- und Links-formen nebeneinander? Gehen wir experimentell vor. Abbildung 31 zeigt eine gelbe Schnirkelschnecke auf einer Wiese. Ihr Gehäuse ist offensichtlich rechtshändig. Auch die gefleckte Schnirkelschnecke in Abbildung 32 hat sich ein rechtshändiges Haus gebaut. Das sind zwei einzelne Individuen. Natürlich könnte es bei anderen anders sein. Dem ist aber nicht so.

Wenn wir fortfahren Schnirkelschnecken zu sammeln, werden wir feststellen, daß alle rechtshändige Gehäuse haben. Dies gilt auch für andere Arten von Schnecken. Abbildung 33 demonstriert dies an einem ganzen Haufen von bläulichen Schneckenhäusern. Man überzeuge sich davon, daß alle rechtshändig sind!

Abb. 34 zeigt sechs Schneckenhäuser, die spitz wie Nadeln sind – alle sind rechtshändig. Die vier Gehäuse in Abbildung 35 wirken prall und wulstig. Sie sind ebenso rechtshändig, wie die Ruinen in Abbildung 36.

**Abb. 33** Janthina (Veilchenschnecken), frei an der Oberfläche tropischer Gewässer treibend – rechtshändig

**Abb. 37**    Schneckentreffen

Tatsächlich wird man sich schwertun, von den in den Bildern vorgestellten Arten ein linkshändiges Schneckenhaus zu finden, und wenn ein Maler zwei Schnecken so aufeinander zukriechen läßt wie in Abbildung 37, dann entspricht das nicht den Tatsachen. Das von links kommende Tier hat das richtige rechtshändige Schneckenhaus, das von rechts kommende aber ein falsches linkshändiges. Daran ändert auch das hämische Grinsen nichts. Künstlerische Freiheit?

Man könnte die in der Überschrift gestellte Frage, ob alle Schneckenhäuser rechtshändig sind, uneingeschränkt mit ja beantworten, wäre da nicht Abbildung 38, die zwei zueinander spiegelbildliche Gehäuse von Weinbergschnecken zeigt, die links im Bild ist rechtsgewendelt und die rechts im Bild linksgewendelt.

**Abb. 34**    Terebra (Schraubenschnecken) aus dem indopazifischen Raum – rechtshändig

**Abb. 35**    Turbo-Schnecken, Südpazifik und Westküste Amerikas – rechtshändig

**Abb. 36**    Überbleibsel rechtshändiger Schneckenhäuser

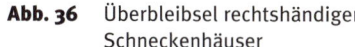

**Abb. 38**    Weinbergschnecken – rechts und links

## WEINBERGSCHNECKEN – RECHTS/LINKS-VERHÄLTNIS 20.000 : 1

In Abbildung 38 sehen die beiden spiegelbildlichen Gehäuse von Weinbergschnecken (Helix pomatia) zwar gleichwertig aus, sie sind es aber nicht. Die rechtshändige Form entspricht der Normalität, die linkshändige der seltenen Ausnahme, denn auch Weinbergschnecken legen ihre Gehäuse mit hoher Stereoselektivität rechtsgewendelt an.

In der Literatur finden sich Werte für das Rechts/Links-Verhältnis von 5.000 : 1, 12.000 : 1, 57.000 : 1, aber auch 104 : 1 (Pharmazie, 1998, 143, 36). Ein verläßlicher experimenteller Wert (siehe unten) ist 20.000 : 1. Rechnet man das Verhältnis 20.000 : 1 in eine prozentuale Reinheit um, so ergibt sich 99,995 Prozent, also eine sogenannte Vier-Neuner-Reinheit.

Der Autor prüft seit längerer Zeit das Gehäuse jeder Weinbergschnecke, die er in seinem Garten oder beim Spazierengehen findet. Er ist bisher noch auf keine linksgewendelte Weinbergschnecke, die auch als Schneckenkönig bezeichnet wird, gestoßen. Abbildung 39 zeigt dagegen einen Haufen von etwa 30 Weinbergschneckenhäusern, die alle linksgewunden sind. Bei einem Rechts/Links-Verhältnis von 20.000 : 1 stellen sie den „linken" Anteil an einer Gesamtpopulation von etwa 600.000 dar.

**Abb. 39**   Linkshändige Weinbergschnecken

Wie kommt man an eine solche Sammlung linksgewendelter Weinbergschnecken? Dazu muß man nach Burgund fahren. In Burgund werden große Mengen Weinbergschnecken verzehrt. Die Entfernung der Schnecken aus ihren Gehäusen wird den Restaurants von Betrieben abgenommen, die Weinbergschnecken tonnenweise verarbeiten. Dabei sind eine Tonne etwa 40.000 Schnecken. Die Verarbeitung erfolgt manuell: Der Arbeiter nimmt die Weinbergschnecke in die linke Hand und zieht das Tier mit einer korkenzieherartigen Zange aus dem Gehäuse. Da er diesen Vorgang jeden Tag mehrere tausendmal durchführt, hat er ganz genau im Gefühl, wie eine rechtsgewundene Weinbergschnecke in seiner linken Hand liegt, wenn er sie dem Vorratsbehälter entnimmt. Eine der seltenen linksgewendelten Weinbergschnecken bemerkt er in jedem Fall, auch wenn er nicht besonders aufmerksam bei der Sache ist. Sie liegt ganz anders in seiner linken Hand als die vielen rechtsgewundenen (Paßt- und Paßt-nicht-Kombinationen, siehe später). Auch für die korkenzieherartige Zange, mit der er das Tier aus dem Gehäuse zieht, ist das linksgewendelte Schneckenhaus genau „anders herum". Die linken Weinbergschnecken sind also leicht zu erkennen und auszusortieren. Diesem Auslesemechanismus verdankt der Autor den in Abbildung 39 gezeigten Haufen linker Weinbergschneckenhäuser, der von der Firma Helix in Dijon stammt. Von dieser Firma ist auch das erwähnte experimentell bestimmte Rechts/Links-Verhältnis von 20.000 : 1, das jeden Tag neu bestätigt wird.

## WEINBERGSCHNECKEN IN BURGUND

**A**uch bei anderen Schneckenarten mit dominant rechtshändigen Gehäusen gibt es linkshändige Ausnahmen. Die Anzahl der Ausnahmen variiert von Art zu Art, teilweise sogar innerhalb einer Art in verschiedenen geographischen Zonen (siehe später). Überraschenderweise gibt es aber auch einige Schneckenarten, deren Gehäuse überwiegend linksgewendelt sind. Dazu gehören insbesondere manche Turmschneckenarten. Abbildung 40 zeigt die Linksgehäuse von kleinen Turmschnecken, die massenweise in unseren Gärten auftreten, zusammen mit einem Streichholzkopf zum Größenvergleich.

Von der cubanischen Baumschnecke ist bekannt, daß sich Rechts- und Linksformen in etwa die Waage halten. Mit anderen Worten, die cubanische Baumschecke bildet racemische Gemische. Abbildung 41 zeigt ein Paar dieser bunten Landlungenschnecken, die sich wie Bild zu Spiegelbild verhalten.

Bei den gewundenen Ziersäulen hatte sich eine Gleichberechtigung der rechten und linken Form ergeben. Umso überraschender ist die Feststellung, daß die Natur Schneckenhäuser mit außerordentlich hoher Einheitlichkeit, meistens rechts, selten links, anlegt. Die Erklärung dafür wird folgen, wenn sich anhand weiterer Beispiele die Erkenntnis verfestigt hat, daß die Natur auch beim Aufbau anderer händiger Strukturen in der Regel eine der beiden Möglichkeiten deutlich bevorzugt.

**Abb. 40** Turmschnecken – linkshändig

**Abb. 41** Cubanische Baumschnecken – rechts und links

# Der Hindu-Gott Vishnu

**E**ine Selektivität von 20.000 : 1 wie bei den Weinbergschnecken ist zwar bereits beachtlich hoch, es gibt aber noch sehr viel höhere, z.B. bei der Śaṅkha-Muschel, die der Hindu-Gott Vishnu in der Hand hält (Abb. 42). Die Śaṅkha-Muschel, Turbinella pyrum, gehört zu den Mollusken. Sie kommt in den indischen Küstengewässern vor; in Südindien und in Sri Lanka ist sie besonders häufig. Die Śaṅkha-Muschel hat eine dicke Schale, aus der Schmuck, z.B. Armreifen, hergestellt wird. Ihre Verwendung als rituelles Wassergefäß und als Trompete ist bis in die Frühgeschichte des Industals belegt.

**Abb. 42**
Hindhu-Gott Vishnu

Zur Trompete wird die Śaṅkha-Muschel, wenn man ein Loch in ihre Spitze bohrt. Geblasen erzeugt sie einen Ton, der an das Meeresrauschen erinnert. Mit Gold und Edelsteinen verzierte Śaṅkha-Trompeten spielen in der hinduistischen und buddhistischen Kunst von jeher eine große Rolle, überraschenderweise auch in der Kultur Tibets, das weit vom Indischen Ozean entfernt ist. Im National Palace Museum von Taiwan wird eine linkshändige Śaṅkha-Muschel aufbewahrt, die dem chinesischen Kaiser 1780 von einem tibetischen Lama überreicht wurde. Sie diente später einer Manchu-Armee als Talisman bei der erfolgreichen Niederschlagung eines Aufstands in Taiwan.

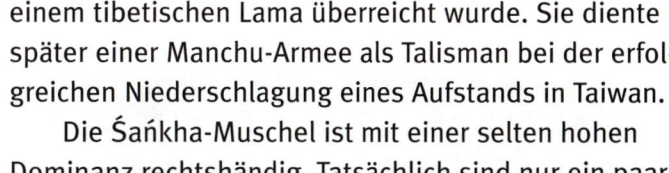

## DIE SANKHA-MUSCHEL – RECHTSHÄNDIGKEIT EXTREM

Die Śaṅkha-Muschel ist mit einer selten hohen Dominanz rechtshändig. Tatsächlich sind nur ein paar Dutzend linkshändige Exemplare bekannt, die sich heute auf die berühmtesten Museen der Welt verteilen (Enantiomer 1998, 3, 491).

Vishnu ist einer der Hauptgötter des Hinduismus. Er erhält und schützt die Welt. Er wird meist mit vier Händen dargestellt, in denen er Keule, Muschel, Wurfscheibe und Lotosblume hält. Sieht man genauer hin, so erkennt man, daß Vishnu immer die extrem seltene linkshändige Form der Śaṅkha-Muschel in der Hand hat (Abb. 43). Dies betont seine Überlegenheit und Entrücktheit. Da bekannt ist, welchen Seltenheitswert eine linksgewendelte Muschel haben würde, ist nicht damit zu rechnen, daß bei der Verarbeitung der Muscheln für Schmuckgegenstände linkshändige Individuen übersehen werden.

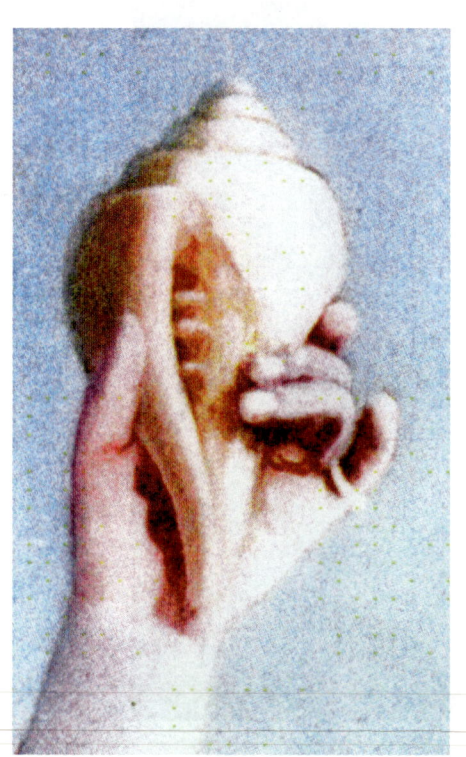

**Abb. 43**  Śaṅkha-Muschel

# Händigkeit in der Technik

**S**chrauben sind rechtshändig, z.B. die Messingschraube in Abbildung 44 auf der rechten Seite. Ihr linkshändiges Spiegelbild ist die Sonderanfertigung einer Werkstatt, denn linkshändige Schrauben kann man nicht kaufen. Die Rechtshändigkeit der Schrauben ist eine weltweit festgelegte Norm. Jeder von uns hat den Schraubensinn fest im Handgelenk „installiert". Man weiß im Schlaf, wie eine Schraube hinein- und wieder herauszudrehen ist.

**Abb. 44**   Schrauben – rechts und links

**Abb. 45 und 46**    Bohrer – nur rechtshändig

Die Rechtshändigkeit, die für Schrauben typisch ist, gilt auch für Muttern und Gewinde aller Art. Abbildung 45 zeigt einen Satz Bohrer, die zu einer einfachen Handbohrmaschine gehören, während Abbildung 46 zwei Industriebohrer enthält, einen mit großer und einen mit kleiner Ganghöhe. Natürlich sind alle rechtshändig.

Linkshändigkeit wird in seltenen Fällen eingesetzt, z.B. um vor Gefahren zu warnen. So sind die Gewinde von Stahlflaschen, die mit Wasserstoffgas gefüllt sind, linkshändig (Abb. 47). Dadurch soll dem Experimentator beim Zusammenschrauben der Ventile in Erinnerung gerufen werden, daß sich Knallgasexplosionen ereignen können, wenn sich Wasserstoff mit Luft mischt. Linksschrauben werden auch an beweglichen Teilen verwendet, wenn dies vom Bewegungsablauf erzwungen wird (linkes Pedal am Fahrrad!).

**Abb. 47**    Linkshändiges Gewinde einer Wasserstoff-Druckflasche

Die weltweite Normierung des Schraubensinns führt zu einer kolossalen praktischen Vereinfachung (Abb. 48). Wäre der Schraubensinn nicht normiert, müßte jede Heimwerkerabteilung nicht nur die unterschiedlichen Sorten und Größen, sondern auch die Rechts- und Linksformen auf Lager haben. Jemand, der eine Schraube für eine Mutter suchte, müßte zunächst prüfen, ob das Gewinde rechts- oder linkshändig ist, bevor er sich die richtige Schraube besorgen könnte. Man stelle sich einen Lehrling vor, der in einem Geschäft die durcheinander geratenen Rechts- und Linksschrauben sortieren muß!

**Abb. 48**    Rechtshändige Schrauben

**Abb. 49**    Rechtshändiger Korkenzieher

Korkenzieher sind rechtshändig (Abb. 49), und wenn man eine Weinflasche öffnet, drückt man den Korkenzieher im Uhrzeigersinn in den Korken. Als Scherzartikel werden aber auch linkshändige Korkenzieher angeboten, die insbesondere dann, wenn die Spitze flach ansetzt, nicht in den Korken eindringen, wenn man wie üblich im Uhrzeigersinn dreht. Es ist eine Art Intelligenztest festzustellen, wie lange es dauert, bis ein Versuchskaninchen merkt, daß es einen linksgängigen Korkenzieher in der Hand hat.

Auch beim Problem der Händigkeit in der Technik kann man sich die Frage vorlegen, was „besser" ist, eine Links- oder Rechtsschraube, ein Links- oder Rechtsgewinde. Natürlich sind wiederum im Prinzip beide gleich. Daß man sich weltweit auf die Rechtsschraube und das Rechtsgewinde festgelegt hat, hängt zum einen damit zusammen, daß die meisten Menschen Rechtshänder sind, und zum anderen mit der menschlichen Anatomie (Abb. 50).

Beim Hineinschrauben einer Schraube mit einem Schraubenzieher ist mehr Kraft aufzuwenden als beim Herausschrauben. Da die Muskulatur der rechten Hand und des rechten Arms bei einer Bewegung nach außen (im Uhrzeigersinn) mehr Kraftanwendung erlaubt als bei einer Bewegung nach innen, hat man für den Schraubensinn die Rechtsgängigkeit gewählt. Die muskulöse Hand Adams in Abbildung 50 im von Michelangelo gestalteten Fresco Erschaffung des Adam an der Decke der Sixtinischen Kapelle dient zur Veranschaulichung.

  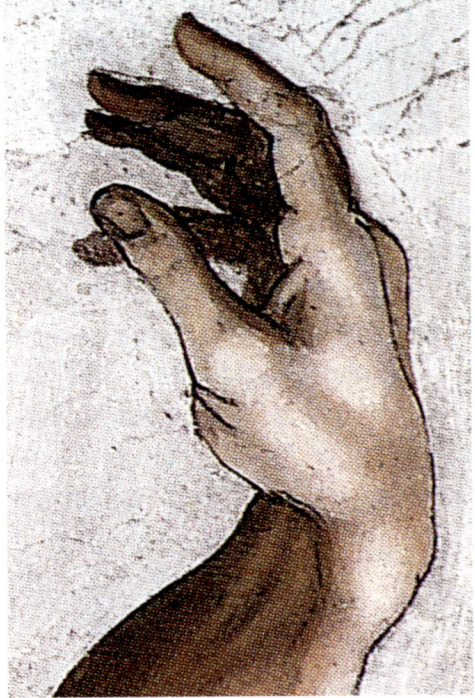

**Abb. 50 a,b,c**   Rechtshändige Schraube, Schraubenzieher und rechte Hand

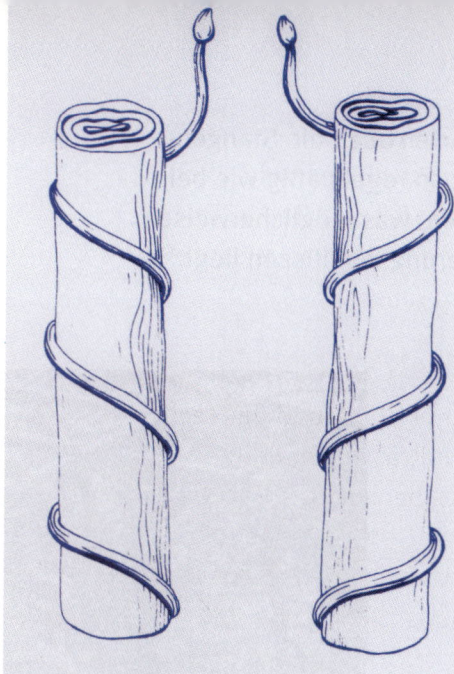

**Abb. 51**  Schlingpflanzen – Bild und Spiegelbild

## KLETTERPFLANZEN

Wenn sich eine Kletterpflanze an einer Stütze hochwindet, entsteht eine spiralige Struktur, die oft sehr regelmäßig aufgebaut ist. Ob es dabei zur Ausbildung einer Rechtsspirale oder einer Linksspirale kommt (Abb. 51), ist artspezifisch festgelegt.

Jede Pflanze weiß genau, ob sie rechts- oder linksherum klettern soll. Abbildung 52 zeigt eine Wisterie, auch Blauregen genannt. Dieser Kletterkünstler ist aus unseren Gärten heute nicht mehr wegzudenken. Er gehört zu den hölzernen Weinranken der Erbsenfamilie und ist in Asien und den USA zuhause. Die Wisterie kann gar nicht gerade wachsen. Sie muß sich immer um etwas anderes herumwickeln, wenn nichts anderes da ist, um sich selbst, und bildet dabei ausschließlich Rechtsspiralen. Nie wird man einen linken „Ausrutscher" finden, es sei denn, es wurde künstlich Hand angelegt. Von der Wisterie gibt es allerdings eine Unterart, die nur Linksspiralen macht.

**Abb. 52**  Blauregen – rechtshändig

Rechtshändig wächst in unseren Gärten auch die Stangenbohne. Die Spiralen (Abb. 53) sind nicht so regelmäßig wie bei der Wisterie oder anderen Kletterpflanzen, was möglicherweise am raschen Wachstum und an den Witterungseinflüssen liegt. Die Händigkeit ist aber ausschließlich rechts. Wirken bei der Stangenbohne die Spiralen uneinheitlich und sogar unordentlich, so findet man bei anderen Arten ausgesprochen regelmäßige Strukturen. In Abbildung 54 ringelt sich die Pflanze rechtshändig an der Stütze empor wie eine Schlange in Bildern vom Paradies. Ebenfalls ausgesprochen regelmäßig ist die rechtshändige Doppelhelix in Abbildung 55.

Ein Beispiel für eine Linksspirale ist der Knöterich, der in Abbildung 56 an einem Bambusstab emporklettert. Er bildet dabei eine regelmäßige Doppelhelix. Betrachtet man die Rinde des Knöterichs, so sieht man eine weitere händige Struktur: Während des Wachstums dreht sich die Pflanze auch um ihre eigene Achse, aber im Sinne einer Rechtsschraube.

**Abb. 54** „Schlangenbaum" – rechtshändig

**Abb. 53** Stangenbohne – rechtshändig

**Abb. 55** Doppelhelix – rechtshändig

Ein weiteres Beispiel für eine Linksspirale ist der Hopfen. Er wird in einem Jahr vier bis fünf Meter hoch und klettert an Eisendrähten entlang, von denen einer im oberen Teil von Abbildung 57 zu sehen ist. Diese Eisendrähte sind auf den Feldern der Holledau in den mächtigen Holzgestellen aufgespannt, die die Landschaft prägen. Wie Abbildung 57 zeigt, wächst der Hopfen als Linksspirale – und das im konservativen Bayern! Es hat sicherlich nicht an Versuchen gefehlt, die Drehrichtung des Hopfens umzukehren. So könnte man die Schößlinge im Frühjahr, wenn sie einen halben Meter lang sind, als Rechtsspirale um den Eisendraht wickeln. Sie wachsen aber so nicht weiter! Die „Bekehrung" des Hopfens ist noch nicht gelungen. Der Hopfen ist und bleibt links, und wer Bier trinken will, muß das akzeptieren.

**Abb. 56** Knöterich – linkshändig

Bei dieser eindeutigen Linkstendenz überrascht, daß man Brauerei-Logos wie in Abbildung 58 findet. Es enthält auf der einen Seite den richtigen linksspiraligen Hopfen, auf der anderen Seite aber einen rechtsspiraligen Hopfen, den es nicht gibt. Das Logo ist spiegelsymmetrisch angelegt, wahrscheinlich deshalb, weil Symmetrie vom Betrachter als schön und wohltuend empfunden wird. Ein ähnliches Bauprinzip hatten wir bei den gewundenen Säulen an den Altären angetroffen. Spiegelsymmetrie tritt aber in der Natur nicht auf, wenn Hopfenpflanzen nebeneinander stehen.

**Abb. 58**    Brauerei-Logo mit linkem und rechtem Hopfen

Schlingpflanzen bilden beim Klettern Spiralen aus, die entweder rechtshändig oder linkshändig sein können. Nachdem die Händigkeit zum Wesen der Spirale gehört, kommt es bei Kletterpflanzen besonders ausgeprägt zur Aus-

## KLETTERPFLANZEN ENTWEDER RECHTS ODER LINKS

bildung von Vorzugsrichtungen. Jede Pflanze „weiß", ob sie eine Stütze rechtshändig oder linkshändig hinaufklettern muß. Dabei ist das Entscheidende nicht so sehr die Rechtshändigkeit oder Linkshändigkeit, sondern die Einheitlichkeit des Spiralsinns, der in jeder Schlingpflanze „steckt". Man kann nicht ohne weiteres sagen, daß eine Richtung „besser" sei als die andere.

**Abb. 57**    Hopfen – linkshändig

## Bild und Spiegelbild
## – gleichberechtigt oder nicht?

Wir haben jetzt überprüft, ob Bild- oder Spiegelbildformen in verschiedenen Bereichen gleichberechtigt sind oder nicht. Bei den gewundenen Säulen haben sich keine Unterschiede zwischen rechts und links ergeben. Umso überraschender war die hohe Einheitlichkeit von rechts oder links, die wir bei Schneckenhäusern und Kletterpflanzen beobachtet haben. Beim Schraubensinn sind wir auf die weltweite Festlegung der Rechtsform gestoßen, und wir haben auch anatomische Gründe dafür angegeben. Bevor wir die Bevorzugung der einen oder anderen Form in der Natur erklären, sollen weitere Beispiele zeigen, wie weitverbreitet das Rechts/Links-Phänomen ist. Dabei wird sich herausstellen, daß bei nicht-natürlichen Systemen rechts und links gleichberechtigt sind, wenn dem nicht Definitionen oder Traditionen entgegenstehen. Bei der Rechts/Links-Problematik in der Natur dagegen werden wir immer wieder Selektivitäten antreffen, wie wir sie bei Schneckenhäusern und Schlingpflanzen kennengelernt haben.

## Schlafende Hunde, Elefantenkuss und
## Schweineschwänzchen

Hunde rollen sich zum Schlafen oft ein. In Abbildung 59 haben sich Zwillingsbrüder zufällig wie Bild und Spiegelbild zum Ausruhen hingelegt. Lassen wir sie in Ruhe, denn schlafende Hunde soll man nicht wecken.

**Abb. 59**    Schlafende Hunde – Bild und Spiegelbild

    Elefanten haben beim Küssen große Probleme. Es ist für sie schon nicht leicht, mit
ihren sperrigen Stoßzähnen klarzukommen, und dann müssen sie sich auch noch entscheiden, ob sie ihre Rüssel rechts- oder linkshändig aufrollen sollen. Die Aufnahme in Abbildung 60 zeigt einen rechtshändigen Elefantenkuß, mit dem die Fa. Schott, Mainz, für ihre
Produkte wirbt. Auf dem Schwarzweißbild in Abbildung 61 sind die Schwing-„Vorarbeiten"
zu sehen, die dem Aufrollen der Rüssel vorangehen. Auch hier wird der anschließende Kuß
rechtshändig.

Nicht ganz so ausgeprägt wie beim Elefanten ist das Rechts/Links-Problem beim menschlichen Kuß. Aber auch wenn sich zwei Menschen küssen, gehen sie mit ihren Nasen nicht direkt aufeinander zu, sondern die Nasen weichen sich nach rechts oder links aus. Die beiden Anordnungen verhalten sich wie Bild zu Spiegelbild. Untersuchungen über die unterschiedlichen Kußgewohnheiten der Menschen liegen dem Autor nicht vor. Er hat sich aber vorgenommen, eine solche Statistik von älteren Hollywood-Filmen mit Happy-End zu erstellen.

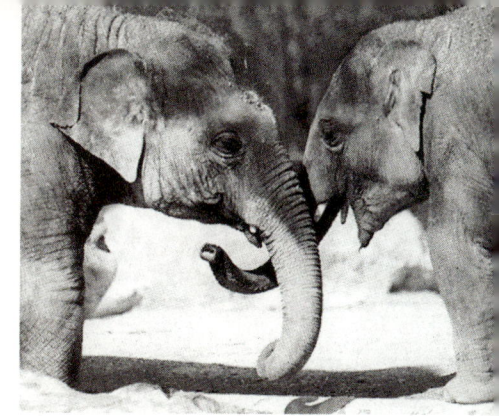

**Abb. 61**   Junge Elefanten beim Rüsselschwingen

**Abb. 60**   Rechtshändiger Elefantenkuß

**Abb. 62**    Händigkeit bei Schneckenhäusern und Schweineschwänzchen

Eine andere Statistik aber hat der Autor mit einem seiner Mitarbeiter, der von einem Bauernhof kam, selbst angefertigt – eine Statistik über Schweineschwänzchen. Mit der Händigkeit von Schneckenhäusern haben wir uns bereits auseinandergesetzt. Abbildung 62 legt die Schweineschwänzchen als den Schneckenhäusern analoges „Studienobjekt" nahe.

Wir haben etwa 100 Ferkel untersucht und gefunden, was in Abbildung 63 dargestellt ist: Die eine Hälfte der Schwänze war rechtshändig, die andere linkshändig, unabhängig vom Geschlecht. Eine geringe Selektivität können wir bei der mit 100 relativ geringen Zahl überprüfter Ferkel nicht ausschließen. Diesem Befund steht ein Hinweis in W. Ludwigs Buch Das Rechts-Links-Problem im Tierreich und beim Menschen, Seite 247 (siehe später) entgegen, nach dem der Windungssinn der Schweineschwänze innerhalb einer Familie „monostroph" (also gleich) ist.

Offenbar wird die Festlegung der Drehrichtung der Schweineschwänzchen von Faktoren bestimmt, die nichts mit Händigkeit zu tun haben. Es könnte sein, daß die Händigkeit des Schwänzchens davon abhängt, ob sich das Ferkel beim Schlafen bevorzugt auf die rechte oder linke Seite legt. Dies wiederum dürfte sich danach richten, wie sich das Mutterschwein hinlegt, an dem es säugt und schläft. Auf alle Fälle ist es überraschend, bei so ausgeprägt händigen Elementen wie den Schweineschwänzchen keine hohe Selektivität zu finden, denn in der Regel ist mit einer so deutlich ausgeformten Händigkeit, wie wir sie bei Schneckenhäusern und Schlingpflanzen gesehen haben, auch die eindeutige Bevorzugung einer der beiden Formen verbunden.

Die Erkenntnis, daß Schweineschwänzchen Spiralen bilden, die rechts- oder linkshändig sein können, ist nicht neu. Es gibt eine Veröffentlichung in den Berichten der durstigen chemischen Gesellschaft von 1886, Seite 3539 (nicht ganz ernst gemeinte „Bier"ausgabe

**Abb. 63**    Schweineschwänzchen – rechts und links

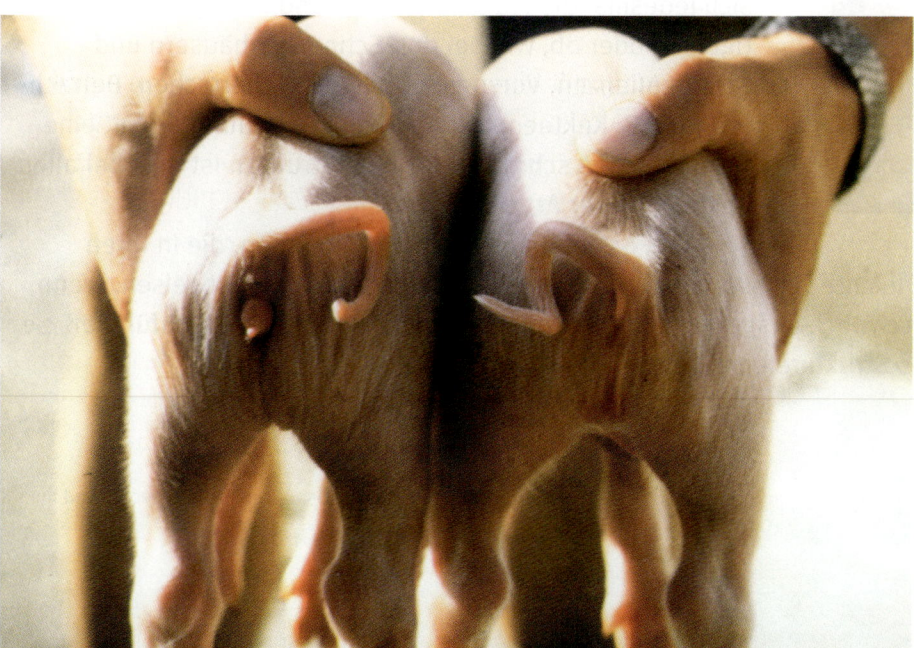

zu einer Sitzung der Chemischen Gesellschaft), in der eine Statistik über die Drehrichtung der Schweineschwänzchen angeregt wird. Die Autoren Wendel und Schraube (die Pseudonyme sind typisch händige Gegenstände!) befassen sich im wesentlichen mit der Drehrichtung der Mopsschwänze und führen sie auf die Händigkeit der Kohlenstoffketten zurück, die in ihnen enthalten sind, und das bereits 1886, zwölf Jahre nachdem van't Hoff und LeBel die tetraedrische Struktur für das gesättigte Kohlenstoffatom postuliert hatten. Hundeschwänze ringeln sich übrigens vorzugsweise rechtshändig (auch als „Linksschlagen" bezeichnet). Linné, der Schöpfer der Systematik, nahm irrigerweise an, daß dieses Linksschlagen des Hundeschwanzes ein Artmerkmal ist.

## HÄNDIGKEIT BEI KAKTEEN UND BÄUMEN

In der Natur treten ins Auge springende händige Elemente in großer Zahl und Vielfalt auf. Dabei erhebt sich jedesmal die Frage, ob rechts und links gleichberechtigt sind oder ob, wie bei den Schneckenhäusern und Schlingpflanzen, Vorzugsrichtungen vorherrschen. Betrachten wir z.B. Kakteen. Der Kaktus in Abbildung 64 hat eine rechtshändige schraubenförmige Struktur. Ist dies bei allen Kakteen dieser Art so?

Abb. 65 zeigt eine Reihe von Kakteen, die in ihren Stämmen zum Teil leichte Linksspiralen, zum Teil leichte Rechtsspiralen aufweisen. Wenn die Händigkeit so schwach ausgeprägt ist wie hier, ist das meist ein Zeichen dafür, daß sie kein integrierendes Strukturelement ist.

**Abb. 64 und 65**    Kakteen – rechts und links

**Abb. 66**  Notocactus herteri – linkshändig

Beim Notocactus herteri in Abbildung 66 ist das anders. Hier ist die linkshändige Struktur unverkennbar. Alle Kakteen dieser Art enthalten diese Linksspirale als integrierendes Strukturelement.

Bäume wachsen in der Regel gerade und symmetrisch. Wenn Bäume so spiralig aufgerollt sind wie in Abbildung 67, aufgenommen am Rhein-Main-Donau-Wanderweg im Bayerischen Wald, dann ist dies auf eine äußere Kraftanwendung zurückzuführen.

Vollkommen gerade und symmetrisch jedoch wachsen Bäume nicht. Häufig kommt es zur Ausbildung von Drehwuchs, dessen Ausmaß und Richtung stark vom Standort abhängt. Extrem ist dieser Drehwuchs z.B. an Gebirgshängen. Das Holz im Inneren des Stammes bildet eine Spirale, die allerdings eine relativ große Ganghöhe hat. Diese Spirale ist durch die Rinde meist so verdeckt, daß man sie von außen nicht erkennt. Sie tritt erst beim Spalten und Verarbeiten hervor. Wenn ein Blitz in einen Baum eingeschlagen hat, machen die Spuren die Spirale oft sichtbar. Der Olivenbaum in Abbildung 68 wächst in einer deutlichen Linksspirale. Dieser Drehwuchs hat für die holzverarbeitende Industrie erhebliche Bedeutung.

Viele Pflanzen wachsen zum Licht und richten sich nach dem Licht aus. Eine Erklärung für diese Phototropismus genannte Erscheinung beruht auf der Lichtempfindlichkeit der für das Wachstum verantwortlichen Stoffe. Sie werden auf der dem Licht zugekehrten Seite photochemisch stärker zerstört als auf der dunkleren Seite. Die dem Licht abgewandte Seite „schiebt" im Wachstum an; die Pflanze, z.B. eine Sonnenblume, wendet sich zum Licht.

Auf das Jahrzehnte dauernde Wachstum eines Baumes übertragen, sollte ein solches Sich-zum-Licht-Drehen eine Linksspirale zur Folge haben, wenn der Baum der Sonne folgt, die von Osten nach Westen über den Himmel zieht – zumindest auf der nördlichen Erdhalbkugel. Auf der südlichen Hemisphäre müßte das umgekehrt sein. Nach einer solchen Vorzugsrichtung, die übrigens bei allen Pflanzen vorhanden sein sollte, ist gesucht worden, aber ohne Erfolg. Schon Kant geht 1768 in seinem Aufsatz Von dem ersten Grunde des Unterschieds der Gegenden im Raume auf diese Problematik ein: „Wo eine gewisse Drehung dem Laufe dieser Himmelskörper zugeschrieben werden kann, wie Mariotte ein solches Gesetz an den Winden will beobachtet haben, die vom neuen zum vollen Lichte gerne von der Linken zur Rechten den ganzen Compaß durchlaufen, da muß diese

## PHOTOTROPISMUS – AUSRICHTUNG DER PFLANZEN NACH DEM EINFALLENDEN LICHT

**Abb. 67**  Spiralig verdrehte Bäume

Kreisbewegung auf der anderen Halbkugel nach der andern Hand herumgehen, wie es auch wirklich Don Ulloa durch seine Beobachtungen auf dem südlichen Meere bestätigt zu finden meint."

**Abb. 68**  Linkshändiger Ölbaum

Der Drehwuchs bei Bäumen ist kompliziert und von Art zu Art verschieden. So gibt es in den Tropen Bäume, deren Drehwuchs sich innerhalb einer Wachstumsperiode umkehrt. Bei der bei uns weit verbreiteten und viel genutzten Fichte ist der Drehwuchs altersabhängig. Die junge Fichte wächst bis zu einem Stammdurchmesser von etwa zehn Zentimeter in Form einer Linksspirale. Dann folgt eine Phase mit fast geradem Wachstum. Anschließend kehrt sich die Richtung um, und die Fichte geht in einen rechtshändigen Drehwuchs über. Ausgewachsenen Fichtenstämmen verleiht dieser altersabhängige Drehwuchs innen links/außen rechts eine ganz besondere Festigkeit. Heute wird viel Schwachholz geschlagen; Fichtenholz dieser Art ist tendenziell linksspiralig. Beim Trocknen von Brettern aus Fichtenschwachholz kommt diese Drehung verstärkt zum Ausdruck. Stapel solcher Bretter bewegen sich so stark, daß sie umfallen können. Auch eine einseitige Belastung der Stapel durch Gegendruck beseitigt diese unangenehme Eigenschaft nicht.

**JUNGE FICHTEN – LINKER DREHWUCHS, ALTE FICHTEN – RECHTER DREHWUCHS**

# MAIBÄUME UND ZIERGIRLANDEN

**G**ewundenen Säulen ähnlich sind die bayerischen Maibäume. In vielen Fällen ist der Stamm durch eine sich nach oben windende Girlande verziert. In anderen Fällen ersetzt eine auf den weißen Grund blau aufgemalte Spirale diese Girlande (Abb. 69). In beiden Fällen gibt es eine eindeutige Vorzugsrichtung: Die konservativen Bayern wickeln die Girlanden bevorzugt rechtshändig um ihre Maibäume. Wen wundert´s?

Wie steht es mit den Ziergirlanden an den Grenzpfählen der Landesgrenze? Nach dem Zweiten Weltkrieg sind an den Grenzübergängen die bekannten ovalen Schilder auf mit Girlanden verzierten Stahlrohren angebracht worden. Dabei folgen die weißblauen des Freistaats Bayern denen der Bundesrepublik Deutschland im Abstand von einigen Metern. Auch heute findet man diese Grenzmarkierungen noch neben den neuen europäischen Schildern mit dem weißen Sternenkranz auf blauem Grund. Nehmen wir die Grenze zwischen Bregenz und Lindau (Abb. 70) mit Schildern älteren Datums, erkennbar am Rost. Die schwarz-rot-goldene Ziergirlande der Bundesrepublik Deutschland ist rechtshändig, die weißblaue bayerische dagegen linkshändig. Betrachten wir dagegen die Grenze auf der Autobahn von Linz nach Passau bei Suben (Abb. 71) mit Markierungen neueren Datums.

**Abb. 69**  Maibaum mit rechtshändiger Ziergirlande

Die Ziergirlande der Bundesrepublik Deutschland ist rechtshändig, wie gehabt, die des Freistaats Bayern ebenfalls. Unglaublich! Hauptsache weißblau, ob rechts oder links – ist das wirklich nicht so wichtig? Die Schrift auf den Schildern zeigt, daß an den Aufnahmen 70 und 71 nicht manipuliert worden ist. Dabei scheint die Rechtshändigkeit der bayerischen Ziergirlande am neueren Autobahngrenzübergang Suben die Ausnahme zu sein, denn auch die Grenzpfähle bei Scharnitz im Karwendelgebirge und auf der Autobahn bei Kufstein schmücken weißblaue Linksgirlanden.

**Abb. 70**   Landesgrenze
zwischen Bregenz und Lindau

**Abb. 71**   Landesgrenze auf der Autobahn
zwischen Linz und Passau bei Suben

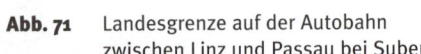

**B**esonders vielgestaltig im Pflanzenreich sind die Blüten in ihren verschiedenen Formen, Farben und Düften. Die Formen werden oft von einer fünfzähligen Symmetrie bestimmt. Häufig wird diese von einer ausgeprägten Händigkeit begleitet, wie bei den Hibiscusblüten in den Abbildungen 72 und 73.

Da die Händigkeit zwar deutlich zu erkennen ist, die Form einer Spirale oder Schraube aber nur entfernt ähnelt, muß man den Propellersinn erst festlegen, bevor man die Händigkeit mit rechts oder links bezeichnen kann. Folgt man, wie wir das auch bei Spiralen und Schrauben getan haben, dem Blütenblatt von den Rändern nach hinten ins Innere der Blüte (vom Beobachter weg), dann ergibt sich für die Blüte in Abbildung 72 Linkshändigkeit, für die Blüte in Abbildung 73 dagegen Rechtshändigkeit. Diese Spiegelbildlichkeit verwundert, handelt es sich doch in beiden Fällen um Hibiscusblüten. Die Ursache dafür werden wir kennenlernen, wenn wir uns mit dem Blattwachstum (Phyllotaxie) befassen. Die Händigkeit der Hibiscusblüte richtet sich nämlich mit großer Präzision nach der Händigkeit des Blattwachstums in dem Stamm, auf dem sie entsteht, und das Rechts/Links-Verhältnis der Blattständigkeit mancher Hibiscusarten ist fast 1:1.

**Abb. 72 und 73**  Linkshändige (oben) und rechtshändige (unten) Hibiscusblüten

Abbildung 74 zeigt eine Doppelblüte des Hibiscus-typs, dessen Blüte wir schon in Abbildung 73 betrachtet hatten. Hätte die Pflanze nur eine einzelne Blüte entwickelt, hätte sie sich für rechts oder links entscheiden müssen, je nach der Blattständigkeit im Stamm. Die Doppelblüte enthält beide Formen, auf der linken Seite den Rechtspropeller und auf der rechten Seite den Linkspropeller. Eine derartige paarweise Spiegebildlichkeit tritt bei Zwillingsphänomenen oft auf.

**Abb. 74**    Zwillingspaar einer Hibiscusblüte

Die roten und ebenso die weiß-roten Fleißigen Lieschen in den Abbildungen 75 und 76 sind Linkspropeller. Auch wenn man ein ganzes Beet untersucht, wird man feststellen, daß die Fleißigen Lieschen nicht nur fleißig blühen, sondern dies auch noch ausschließlich linkshändig tun. Es wird kein rechtshändiger Propeller zu finden sein.

**Abb. 75 und 76**
Fleißige Lieschen – linkshändig

Im Gegensatz zum gefüllten Oleander ist die Händigkeit der Blüten des einfachen Oleanders offensichtlich. Abbildung 77 zeigt einen weißen Oleander mit fünfzähliger Symmetrie, bei dem der rechtshändige Propellersinn durch die windradartige Form zustande kommt. Diese Rechtshändigkeit gilt für alle Blüten (Abb. 78). Bei der Papaya haben männliche und weibliche Blüten entgegengesetzte Händigkeit.

**Abb. 77 und 78**
Weißer Oleander – rechtshändig

Bei dem gelbvioletten Stiefmütterchen in Abbildung 79 sind die drei
unteren, das „Gesicht" bestimmen-
den Blätter symmetrisch. Die beiden
violetten „Mickey-Maus-Ohren" darüber überlappen sich jedoch in der
Mitte. Die hierdurch bedingte Sym-
metrieerniedrigung ruft Händigkeit
hervor. Das Spiegelbild des Stief-
mütterchens von Abbildung 79 wäre
mit dem Bild nicht zur Deckung zu
bringen. Auch die beiden samtig-vio-
letten Blüten in Abbildung 80 zeigen
diese Überlappung sogar in Form
von Bild und Spiegelbild. Sie stam-
men von derselben Pflanze. Das bedeutet, die Selektivität für eine der beiden Händigkeiten ist nicht besonders hoch. Ob überhaupt ein von 1:1 abweichendes Verhältnis auftritt, müßte durch eine Statistik geklärt werden.

**Abb. 79 und 80**
Stiefmütterchen mit überlappenden Mickey-Maus-Ohren

Bei Blüten gibt es sensationell hohe Selektivitäten für eine der beiden Händigkeitsalternativen. So ist in einer Arbeit im Journal Speculation in Science and Technology (1986, 12, 98) davon die Rede, daß mehr als zehn Millionen (!) Blüten in fast einer Million Pflanzen Turnera trinoeflora, eine Art Passionsblume, auf ihre Händigkeit überprüft worden sind. Es wurde keine einzige rechtshändige Blüte gefunden. Hier kann man nicht mehr nur von hoher Stereoselektivität sprechen, sondern es liegt eine vollkommene Stereoselektivät oder Stereospezifität vor.

In der Blüte des Alpenveilchens (Abb. 81) sind deutlich zwei verschiedene händige Strukturen zu erkennen. Die roten Blütenblätter sind rechtshändig aufgerollt, bevor sie sich entfalten. Aber auch die grünen Kelchblätter sind händig angeordnet. Sie bilden einen Propeller mit linkshändigem Schraubensinn. Alpenveilchen mit dem dazu spiegelbildlichen Rechtspropeller kommen nicht vor, wie an der Gruppe von Abbildung 82 zu sehen ist.

Grundsätzlich kann man sagen, sind spiralige Strukturen bei Pflanzen schwach ausgeprägt und damit eher zufälliger Art, so ist eine Vorzugsrichtung meist nicht zu erkennen. Ist die spiralige Struktur dagegen ein charakteristisches Strukturmerkmal, so existiert in der Regel genauso wie bei Schneckenhäusern und Kletterpflanzen eine eindeutige Vorzugsrichtung.

**Abb. 81 und 82**
Alpenveilchen – Blütenblätter rechtshändig, Kelchblätter linkshändig

## Von Duderstadt ins Monument Valley

**D**uderstadt ist ein Städtchen im Südharz in der Nähe von Göttingen. Die Altstadt zieren die für Niedersachsen typischen Fachwerkhäuser. Das Besondere an Duderstadt ist der händig gedrehte Turm des Stadttors (Abb. 83). Der Überlieferung nach soll der Teufel diese Drehung verursacht haben. Er hatte die Duderstädter Männer zum Trinken verführt und war daraufhin von den Duderstädter Frauen aus der Stadt gejagt worden. Dabei hatte er den Turm des Stadttors verdreht. Wie dreht ein frustrierter Teufel die Turmspitze? Natürlich nach links! Überzeugen Sie sich davon! Händigkeit in der Architektur!

Das Monument Valley im Südwesten der USA liegt in der großen Reservation der Navajo-Indianer. Die Kulisse der durch Erosion entstandenen Tafelberge ist von vielen Western-Filmen bekannt. Es gibt im Monument Valley einen Punkt, von dem aus gesehen sich zwei dieser Tafelberge fast wie Bild zu Spiegelbild verhalten (Abb. 84). Die Indianer nennen die beiden Felsen rechte Hand und linke Hand. Händigkeit in der unbelebten Natur!

**Abb. 83**
Duderstadt – linkshändig verdrehter Stadtturm

**Abb. 84**   Monument Valley – rechte und linke Hand

**Abb. 85** Holländische Windmühlen – gegen den Uhrzeigersinn

## FAST ALLES GEGEN DEN UHRZEIGERSINN

**D**ie Windmühlen in den Niederlanden, und nicht nur dort, drehen sich gegen den Uhrzeigersinn (Abb. 85), obwohl ihre Flügel Rechts-Propeller bilden. Die Karussells auf Volksfesten bewegen sich gegen den Uhrzeigersinn, die Läufer im Leichtathletikstadion drehen ihre Runden gegen den Uhrzeigersinn, die Pilger in Nepal umrunden den

**Abb. 86**   Normale Uhr und bayerische Uhr

heiligen Berg Kailas gegen den Uhrzeigersinn, und wenn man Einkaufen geht, wird man im Geschäft vom Eingang bis zur Kasse gegen den Uhrzeigersinn geführt. Die Aufzählung

**IN BAYERN GEHEN DIE UHREN ANDERS**

ließe sich verlängern, so daß man etwas übertrieben sagen könnte, es dreht sich alles gegen den Uhrzeigersinn bis auf den Uhrzeiger selbst und auch der nur, wenn man ihn von vorn, also von der falschen Seite aus, betrachtet. Denn eigentlich ist der Uhrzeiger ein Bestandteil der Uhr, und von der Seite der Uhr aus gesehen, dreht sich auch der Uhrzeiger gegen den Uhrzeigersinn. Eine Ausnahme ist die bayerische Uhr, die man in Geschenkartikelläden kaufen kann. Sie muß aus normtechnischen Gründen den Aufdruck tragen „In Bayern gehen die Uhren anders".

Bei diesen Uhren ist, verglichen mit normalen Uhren, tatsächlich alles spiegelbildlich. Abbildung 86 zeigt zwei einander ähnliche Uhren, eine normale und eine bayerische Ausführung. Blickt man über einen Spiegel auf eine bayerische Uhr, so läuft der Zeiger wieder im Uhrzeigersinn um, aber die Aufschrift „In Bayern gehen die Uhren anders" erscheint dann in Spiegelschrift. Übrigens bewegt sich auch der Schatten„zeiger" der Sonnenuhr gegen den Uhrzeigersinn, zumindest auf der nördlichen Erdhalbkugel.

## TREPPENHÄUSER UND WENDELTREPPEN

Oft sind Treppenhäuser symmetrisch angelegt, vor allem bei repräsentativen Treppenbauten. Das Bild/Spiegelbild-Phänomen tritt dann nicht auf. Meist jedoch haben Treppenhäuser, auch wenn sie gerade Treppenteile enthalten, eine spiralige Struktur. Das ist z.B. an der Freitreppe in Abbildung 87 zu erkennen, die sich außen am Gebäude Chemie und Pharmazie der Universität Regensburg befindet. Über diese Treppe soll eine Flucht von den Balkonen möglich sein, wenn in den Laboratorien Feuer ausbricht und der Gang nicht mehr benützt werden kann. Diese Treppe ist – man überzeuge sich und folge der Spirale vom Betrachter weg – linkshändig, genauso wie alle anderen Freitreppen am selben Gebäude. Auch alle Treppen im Innern sind linkshändig. Das mag hier wie in anderen Fällen zufällig so sein. Insgesamt aber scheinen linkshändige Treppenhäuser doch zu überwiegen: Offenbar wendeln Architekten, wenn bauliche Gegebenheiten sie nicht zum Gegenteil zwingen, Treppenhäuser lieber

**Abb. 87**   Chemiegebäude, Universität Regensburg
– linksgewendelte Treppe

links- als rechtsherum. Einige Beispiele sollen dies belegen: Abbildung 88 zeigt das Treppenhaus im Zentrum des Schlosses Ludwigs XII. von Frankreich in Blois an der Loire – eine schöne Linksspirale. In Abbildung 89 ist das Innere des Turms des Jagdschlosses Granitz auf Rügen zu sehen, von Schinkel erbaut. Die auf die Aussichtsplattform führende Treppe, die sich dem Turm innen anschmiegt, bildet eine Linksspirale.

Es gibt auch Gegenbeispiele. Das Treppenhaus in den Vatikanischen Museen (Abb. 90) ist eine Rechtsspirale. Wenn man ihm folgt, beschreibt man eine Bewegung im Uhrzeigersinn. Die Vermeidung einer Linksform im Vatikan – verständlich!

**Abb. 88**  Treppenhaus, Schloß Blois, Loire – linksgewendelt

**Abb. 89**  Treppenhaus, Jagdschloß Granitz, Rügen – linksgewendelt

**Abb. 90**   Treppenhaus, Vatikanische Museen
– rechtsgewendelt

Den umgebauten Reichstag in Berlin krönt eine impo-
sante Kuppel (Abb. 91), in die eine begehbare Spirale eingezogen ist (Abb. 92). Die Spirale ist rechtshändig. Eine
Rechtsform im Gebäude des Deutschen Bundestags? Der
Entwurf stammt vom englischen Architekten Norman Foster.

**Abb. 91 und 92**    Reichstag, Berlin, neue Kuppel

Einer der Gründe dafür, daß auch heute Treppenhäuser überwiegend linksgewendelt sind, könnte in der mehrheitlichen Rechtshändigkeit bestehen. Meistens wird das Geländer an einer Wendeltreppe außen angebracht, wo die Stufen breit sind und die Sturzgefahr geringer ist als innen, wo die Stufen meist sehr schmal sind. Will man sich mit der rechten Hand – die meisten Menschen sind Rechtshänder – am Geländer festhalten, muß das Treppenhaus linkshändig gewendelt sein.

Eine andere Theorie führt die bevorzugte Linkswendelung von Treppenhäusern auf das Mittelalter zurück, in dem die Burgherren die Wendeltreppen aus strategischen Gründen links gewendelt haben, um als Verteidiger ihres Besitzes den größtmöglichen Vorteil zu haben. Abbildung 93 zeigt eine solche linke Wendeltreppe im Castle of Warwick. Auch im Mittelalter waren die

**Abb. 93**  Wendeltreppe Burg Warwick, England – linkshändig

meisten Menschen nachweislich Rechtshänder. Man stelle sich in dieser Wendeltreppe den Verteidiger oben und den Angreifer unten vor! Während der Angreifer als Rechtshänder mit seinem Schwert und seiner Lanze innen auf engstem Raum herumfuchteln muß, hat ein rechtshändiger Verteidiger oben für seine Waffen sehr viel mehr Platz – vorausgesetzt das Treppenhaus ist linkshändig.

# Hoch- und Tiefdruckgebiete und der Strudel in der Badewanne

In einem Hochdruckgebiet in Mitteleuropa zirkuliert die Luft, von oben betrachtet, im Uhrzeigersinn. Sie kommt damit von der großen Landmasse im Osten; für uns bedeutet das meistens schönes Wetter, im Winter auch Kälte. In Tiefdruckgebieten dreht sich die Luft gegen den Uhrzeigersinn. Für Mitteleuropa kommt sie dann vom Atlantik. Sie ist feucht und bringt meist Regen. Drehsinn im Uhrzeigersinn bei Hochdruck, gegen den Uhrzeigersinn bei Tiefdruck – das gilt nicht nur für Mitteleuropa, sondern für die ganze nördliche Halbkugel. Der Grund dafür ist die sogenannte Corioliskraft, die durch die Erddrehung hervorgerufen wird und die auch bei jeder Flugbewegung einkalkuliert werden muß. Auf der Südhalbkugel ist es genau umgekehrt. Hier drehen sich Hochdruckwirbel gegen und Tiefdruckwirbel im Uhrzeigersinn. Abbildung 94 zeigt ein Tiefdruckgebiet auf der nördlichen Halbkugel. Gewaltige Tiefdruckgebiete bilden die Hurrikane im Golf von Mexiko, die jedes Jahr im Herbst die karibischen Inseln und die Südstaaten der USA bedrohen.

Viel wird in diesem Zusammenhang über den Strudel in der Badewanne spekuliert, und verschiedene Badewannen-Kapitäne schwören, ganz bestimmte Strudelbevorzugungen beobachtet zu haben. Amerikanische Physiker haben sich dieses Problems angenommen und nachgewiesen, daß es sich dabei um Badewannen-Latein handelt, denn die Corioliskraft, angewandt auf Luftmassen von vielen hundert Kilometern Durchmesser, dreht diese verläßlich im oder gegen den Uhrzeigersinn, je nach den Druckverhältnissen. Auf Wasserwirbel in den Dimensionen einer Badewanne aber ist der Einfluß der Corioliskraft verschwindend gering. Jeder Lufthauch über dem Wasser, jede Bewegung und jeder Pulsschlag des Badenden, die Konstruktion des Abflusses usw. üben einen ungleich größeren Einfluß auf die Drehrichtung des Badewannen-Strudels aus als die Corioliskraft. „Um die Corioliskraft zu bemerken, müßte man die Badewanne um den Faktor 500 vergrößern und das Wasser einige Tage zur Ruhe kommen lassen" (Die Zeit, Nr. 26, 20.6.1997). Im Lichte dieser Tatsachen ist gegenüber einem Strudel-Experiment Vorsicht geboten, das in Kenia

**Abb. 94**   Tiefdruckgebiet – linkshändig

an einer Straße, die den Äquator schneidet, für Touristen aufgebaut ist. Bei diesem Experiment läuft am Äquator ein Wasserstrahl ohne Bildung eines Strudels aus, während sich ein paar hundert Meter nördlich und südlich des Äquators verläßlich (!?) zueinander spiegelbildliche Strudel bilden.

## NARWAL UND EINHORN

Der Narwal bewohnt die nördlichen Eismeere, vor allem den Bereich zwischen Grönland und Kanada. Er entwickelt einen mehrere Meter langen Stoßzahn aus Elfenbein, der stets deutlich erkennbar linksspiralig verdrillt ist (Abb. 95). Die Schilderung eines Wals mit einem Stoßzahn mutet an wie die des sagenumwobenen Einhorns in der Fabel (Abb. 96 und 97). Der Narwal ist aber Tatsache. Tatsache ist auch, daß es ganz selten Narwale mit zwei Stoßzähnen gibt. Im Schiffahrtsmuseum in Hamburg ist ein Exemplar zu sehen. In allen bekannten Fällen haben beide die gleiche Linksrillung.

In Zeichnungen des Fabelwesens Einhorn halten sich Rechtsdrehung und Linksdrehung des Horns in etwa die Waage. Das Horn in Abbildung 96 weist eine Rechtsdrehung auf (das Seil ist linkshändig!). Ein linksgedrehtes Einhorn findet sich im Straßburger Wirkteppich, Ende 15. Jahrhundert (Abb. 97). Im Pokal aus Narwalzahn (Abb. 98) passen sich die beiden Einhörner der durch die Riefelung des Narwalzahns vorgegebenen Linkshändigkeit an.

Im Kräuterbuch des Adam Lonitzer von 1557 wird das Einhorn folgendermaßen beschrieben:

**Abb. 96**   Einhorn – rechtshändig

**Abb. 95**   Stoßzahn eines Narwals – linkshändig

„HAT DEN NAHMEN VON DEM EINSAMEN EINTZIGEN HORN / SO AN SEINER STIRN WÄCHST. IST EIN EINÖD WILD THIER / IN DEN WÜSTEN WÄLDERN IN INDIA / MIT DER GESTALT DESS LEIBS EINEM PFERD GLEICH ... MITTEN AUSS DER STIRN WÄCHST IHM EIN STARCK HORN / GANTZ SPITZIG / ZWO ELENLANG."

**Abb. 98**  Pokal aus Narwalzahn (etwa 1600)

**Abb. 97**  Einhorn – linkshändig

Sein Horn wird zur Artzney hoch gepreiset / und dem besten Gold theuer geachtet.

Dieses Horn wird sehr verfälscht mit andern gebrandtem Horn und Beinen / soll hart seyn / wie ein Stein / und nicht leicht und mürb / wie es vielen fälschlich gezeiget und gebraucht wird / und soll einen lieblichen Aromatischen Geruch haben.

Ist ein köstliche Artzney wider alles Gifft / und auch wider gifftige Bißz der wütenden Hund. Item wider die schwerfallende Kranckheit.

Zu Venedig in S. Marx Kirchen / sollen dieser Hörner zwey seyn. Deßgleichen wird eins zu Straßburg gehalten / so gewunden oder gedrähet / ist sonsten starck und lang.

Der König in Polen soll auch zwey haben / so er unter seinen Schätzen hoch hält / sollen eines Menschen länge haben.

**Abb. 99** Das Einhorn in der mittelalterlichen Heilkunst

Im Mittelalter war das Horn des Einhorns eine begehrte „Medizin"
(Abb. 99), die von Ärzten gegen Gift, Hundebiß, Epilepsie, Fieber und
Pestilenz verschrieben wurde. Die Apotheker schafften es jahrhunder-
telang, genügend Material unterschiedlicher Qualität bereitzustellen:
„Die Kraft des Einhorns ist vornen am Spitzen heilsamer denn hinten"
(Dr. Conrad Gesner, Zürich, 1516). In vielen Orten erinnern Einhorn-
Apotheken noch heute daran. Die Aufbewahrung von Hörnern in der
Markuskirche in Venedig, in Straßburg und am Hof des polnischen
Königs (Abb. 99) machte die Beschreibung im Kräuterbuch „gewunden
oder gedrähet" nachprüfbar.

Das Kräuterbuch des Adam Lonitzer stammt aus der Mitte des
16. Jahrhunderts, als sich erste Skepsis gegen das Einhorn und seine
wundersamen Heilkräfte breit machte. Im 17. Jahrhundert rückte mit
der Ausdehnung der Schiffahrt in die nördlichen Breiten die Beziehung
des Einhorns zum Narwal ins Bewußtsein der Öffentlichkeit. In einer
Neuauflage von 1678 des Buchs „De Unicornu Observationes Novae"
von Thomas Bartholinus, das 1645 erschienen war, heißt es: „Das aber
ist der Zahn, den viele als Einhorn verkauft haben, der in den
Schatzkammern der Fürsten bewahrt wird wegen der einzigartigen
Schätzung, die man für das echte Einhorn hegt. Diese Schätzung ent-
stand in früheren Zeiten leicht wegen der Seltenheit des Zahnes, da er
nur, wenn der Fisch strandete, an fremde Ufer gelangte. Aber unserem
Zeitalter ist durch verstärkten Handelsverkehr mit Grönland und insbe-
sonders mit Spitzbergen die Natur und das häufige Vorkommen des
Zahnes bewußt geworden. Allerdings haben unsere Kaufleute in den
letzten Jahren ganze Frachtschiffe mit diesem angeblichen Horn gefüllt
und hätten sie als echtes Einhorn nach Europa eingeführt, wenn ihnen
nicht von den Erfahrenen die Maske vom Gesicht gerissen und der
Zahn als vom Meere kommend erkannt worden wäre." Der Preis für ein
Lot Einhorn fiel in den Frankfurter Apotheken von 1612 bis 1669 von 64
auf 4 Gulden.

**Abb. 95**   Stoßzahn eines Narwals – linkshändig

**Abb. 100** Schraubenbaum Pandanus spiralis

## DER SCHRAUBENBAUM PANDANUS SPIRALIS

In den Northern Territories von Australien, und nur dort, wächst ein Schraubenbaum, der Pandanus Spiralis genannt wird. Er führt sein spiraliges Wachstum bereits im Namen. In Abbildung 100 bildet der größere und ältere Stamm im Hintergrund eindeutig eine Rechtsspirale. Das Ungewöhnliche bei Pandanus Spiralis ist, daß neben der älteren Pflanze einige Jahre später stets eine jüngere Pflanze emporwächst (im Vordergrund von Abbildung 100 zu sehen). Als wäre mit dem ersten älteren Trieb, der rechtshändig ist, die Rechtshändigkeit erschöpft, nimmt der zweite jüngere Trieb, die entgegengesetzte Linkshändigkeit an. Ist die ältere Pflanze linkshändig, fällt der Spiralsinn der jüngeren Pflanze rechtshändig aus. Verrückte Natur!

## DER URSPRUNG DER HÄNDIGEN FORMEN IN DER NATUR

Wir haben jetzt viele Beispiele für Händigkeit in der Natur kennengelernt, meist mit starker Bevorzugung einer der beiden möglichen Richtungen. Die Beispiele stehen bisher aber mehr oder weniger gleichwertig nebeneinander. Eine Erklärung dafür wurde noch nicht gegeben. Dies soll jetzt geschehen, wobei wir mit einem notgedrungen unzulänglichen Versuch beginnen, mit dem Goethe gegen Ende seines Lebens das spiralige Wachstum bei den Pflanzen erklärte.

## GOETHE UND DIE SPIRALTENDENZ

Der Franzose Dutrochet hatte 1828 in der Biologie-Zeitschrift Isis die Händigkeit des spiraligen Pflanzenwachstums analysiert und dabei den Begriff der „vitalen Inkurvation" geprägt. Darauf aufbauend, versuchte Goethe das schon damals wohlbekannte Phänomen in seinem Aufsatz Über die Spiraltendenz (Versuch über die Metamorphose der Pflanzen) zu erklären.

Goethe zerlegt darin den Wachstumsvorgang in zwei Haupttendenzen, die Vertikaltendenz und die Spiraltendenz. Die Vertikaltendenz stellt er ins Zentrum; er nennt sie das männlich stützende Prinzip, während er die Spiraltendenz an der Peripherie ansiedelt und

## VITALE INKURVATION UND SPIRALTENDENZ

ihr die Rolle des eigentlich produzierenden Lebensprinzips zuweist. Beide sind wichtig und müssen zusammenspielen. In der Sprache der deutschen Klassik klingt das so: „Keins kann von dem anderen abgesondert gedacht werden, weil nur eins durch das andere lebendig wirkt, wie denn eins oder das andere waltet, bald seinen Gegensatz überwältigt, bald von ihm überwältigt wird oder sich mit ihm ins gleiche zu stellen weiß". Natürlich ist Goethes Zweiteilung keine schlüssige Erklärung. Das konnte sie 1831 auch nicht sein.

## RECHTS UND LINKS AUF DER EBENE DER ATOME UND MOLEKÜLE

Die Rechts/Links-Beispiele, die wir bisher kennengelernt haben, entstammen dem täglichen Leben oder der Natur. Alle diese Beispiele konnte man sehen und greifen; sie hatten die gewohnten Dimensionen (Abb. 101 oben). Die modernen Naturwissenschaften arbeiten meist auf der Ebene der Atome und Moleküle. Für die Chemie ist diese Ebene genauso wichtig wie für die Biochemie und die Physiologie, die die Stoffwechselvorgänge in Mensch, Tier und Pflanze beschreiben.

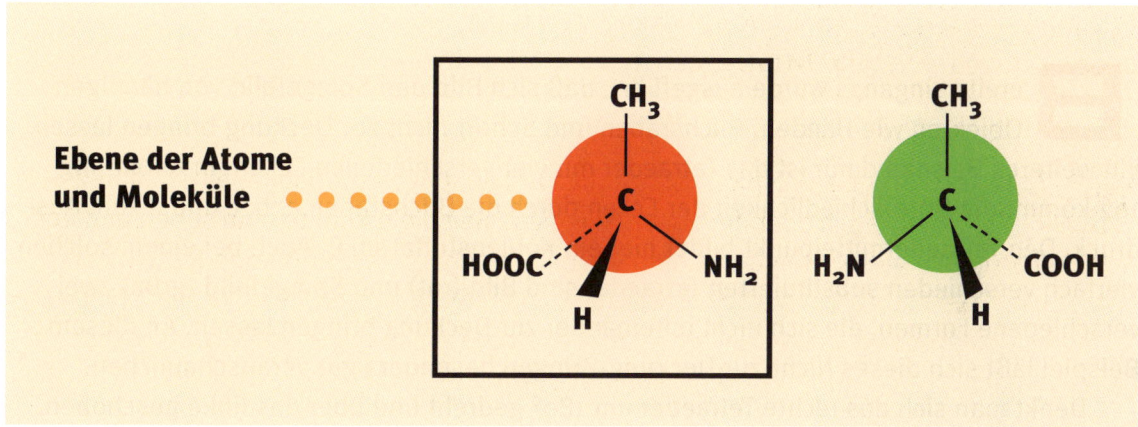

**Ebene der Atome
und Moleküle**

**Abb. 101**   Händigkeit – makroskopisch und mikroskopisch

Vorgänge, die sich auf der Ebene der Atome und Moleküle abspielen, sind nicht sichtbar; sie werden mit speziellen wissenschaftlichen Methoden verfolgt. Den Nicht-Chemiker wird überraschen zu erfahren, daß auch dabei das Rechts/Links-Phänomen eine große Rolle spielt. Das Teilgebiet der Chemie, das sich mit dieser Problematik befaßt, heißt Stereochemie. Das dominierende Strukturelement, auf das man dabei immer wieder stößt, ist das Tetraeder mit vier verschiedenen Substituenten, bei dem Bild und Spiegelbild nicht äquivalent sind. Diese Tatsache wird sich als die eigentliche Erklärung für die Bevorzugung von Rechtsformen bzw. Linksformen in der Natur erweisen, auf die wir zurückkommen werden, wenn wir uns mit dem vierfach verschieden substituierten Kohlenstoffatom und den Aminosäuren befaßt haben, von denen ein Beispiel als chemische Formel bereits rechts unten in Abbildung 101 enthalten ist.

## DAS TETRAEDER MIT VIER VERSCHIEDENEN SUBSTITUENTEN

Bereits eingangs wurde ausgeführt, daß sich Bild und Spiegelbild von händigen Objekten wie Händen, Buchstaben und Schrift nicht zur Deckung bringen lassen. Ein weiteres Beispiel dafür ist das Tetraeder mit vier verschiedenen Ecken. In Abbildung 102 kommt die Unterschiedlichkeit der Ecken durch die Buchstaben a, b, c und d zum Ausdruck. Den Tetraedermittelpunkt bildet hier ein Kohlenstoffatom C. Auch bei einem solchen vierfach verschieden substituierten Tetraeder sind Bild (rot) und Spiegelbild (grün) zwei verschiedene Formen, die sich nicht miteinander zur Deckung bringen lassen. An diesem Beispiel läßt sich dieses Nicht-zur-Deckung-Bringen besonders gut veranschaulichen.

Denkt man sich das rechte Tetraeder um 180° gedreht und über das linke geschoben, dann fallen zwar die Mittelpunkte C und die Ecken a und d zusammen, im vorher links stehenden Tetraeder aber ist b hinten und c vorne, beim darüber geschobenen, ursprünglich rechts stehenden Tetraeder ist es dagegen genau umgekehrt. Man kann beliebig viele

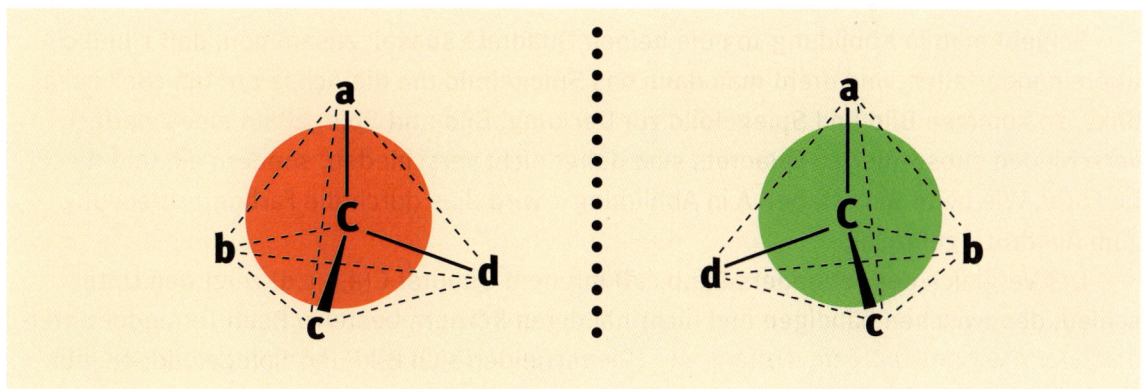

**Abb. 102**   Tetraeder C(abcd) – Bild und Spiegelbild verschieden

Deckungsoperationen dieser Art ausprobieren, das Ergebnis ist immer das gleiche: Bei einem Tetraeder C (a,b,c,d) lassen sich Bild und Spiegelbild nicht miteinander zur Deckung bringen.

Der fundamentale Unterschied zwischen einem händigen und einem nicht-händigen Objekt wird besonders deutlich, wenn man das vierfach verschieden substituierte Tetraeder (Abb. 102) mit dem vierfach verschieden substituierten Quadrat (Abb. 103) vergleicht. Auch bei einem Quadrat C (a,b,c,d) kann man von einem Bild das Spiegelbild konstruieren, angedeutet durch die roten und grünen Farben.

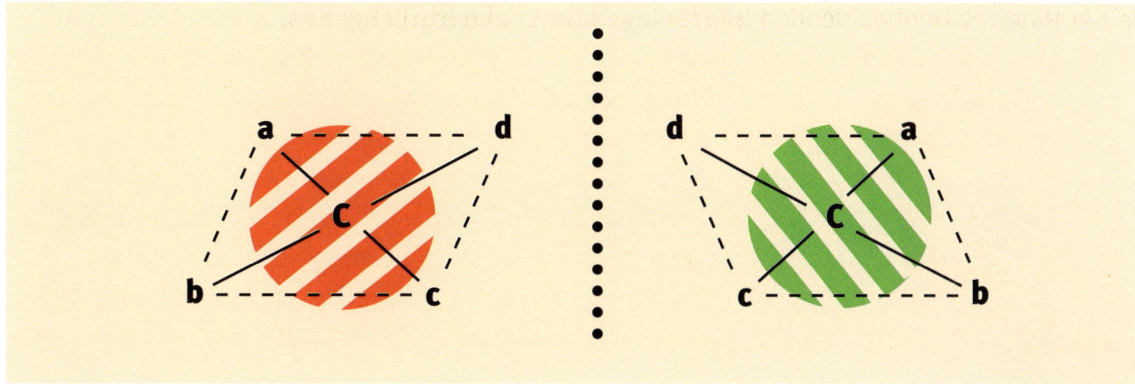

**Abb. 103**   Quadrat C(abcd) – Bild und Spiegelbild identisch

Schiebt man in Abbildung 103 die beiden Quadrate so weit zusammen, daß c und d übereinanderfallen, und dreht man dann das Spiegelbild um die Achse c/d um 180° nach links, so kommen Bild und Spiegelbild zur Deckung. Bild und Spiegelbild eines vierfach verschieden substituierten Quadrats sind daher nicht verschieden, sondern ein und dieselbe Form. Wie beim Buchstaben A in Abbildung 2 wird dies durch die Farbunterbrechung zum Ausdruck gebracht.

Der Vergleich des Tetraeders C(a,b,c,d) mit dem Quadrat C(a,b,c,d) zeigt den Unterschied, der zwischen händigen und nicht-händigen Körpern besteht: Beim Tetraeder unterscheiden sich Bild und Spiegelbild; es gibt zwei verschiedene Formen. Beim Quadrat sind Bild und Spiegelbild identisch; es gibt nur eine Form.

**TETRAEDER C(A,B,C,D) ZWEI FORMEN – QUADRAT C(A,B,C,D) NUR EINE FORM**

Die Ursache für diesen Unterschied liegt in der Symmetrie. Das vierfach verschieden substituierte Tetraeder ist asymmetrisch, das heißt, es enthält keine Symmetrieelemente. Entscheidend für die Verschiedenheit von Bild und Spiegelbild ist dabei insbesondere, daß keine Symmetrieebenen (und keine Drehspiegelachsen) vorhanden sind. Im vierfach verschieden substituierten Quadrat ist die Ebene, in der C, a, b, c und d liegen, eine solche Symmetrieebene, die den Unterschied zwischen Bild und Spiegelbild aufhebt. Diese Betrachtung ist deshalb von so grundlegender Bedeutung, weil das vierfach verschieden substituierte Tetraeder C(a,b,c,d) allen Biomolekülen zugrunde liegt, auf die letztlich alle in der Natur zu beobachtenden Bild/Spiegelbild-Effekte zurückgehen.

**D**ie Eiweißstoffe oder Proteine gehören zu den Hauptkonstruktionsmaterialien, ohne die das Leben auf der Erde nicht möglich wäre. Eiweißstoffe bauen nicht nur ganze Gewebe auf, zu ihnen gehören auch die Enzyme, die Biokatalysatoren, die die Stoffwechselvorgänge ermöglichen. Zur Bereitstellung der ungeheuren Vielfalt an tierischem und pflanzlichem Eiweiß bedient sich die Natur nur 20 voneinander verschiedener Aminosäuren (Abb. 104), deren Formeltyp hier erklärt werden soll.

Die 20 Aminosäuren unterscheiden sich nur im Rest R. Alle enthalten am sogenannten $\alpha$-Kohlenstoffatom, das sich im Zentrum der Formel befindet, als Substituenten eine Aminogruppe $NH_2$, eine Carboxylgruppe $COOH$ und ein Wasserstoffatom H. Die 26 Buchstaben des Alphabets zu Wörtern kombiniert, machen die Weltliteratur möglich. Auf ähnliche Weise schafft es die Natur, aus 20 verschiedenen Aminosäuren die tierischen und pflanzlichen Eiweißstoffe aufzubauen. Dabei wird die Vielfalt noch dadurch bereichert, daß die Eiweiß"wörter" der Natur bis zu hundert und mehr Aminosäure"buchstaben" haben.

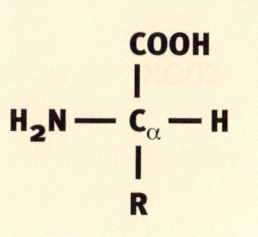

**Abb. 104**
Aminosäureformel

## Die Händigkeit der Aminosäuren

**D**ie allgemeine Formel für Aminosäuren in Abbildung 104 ist stark vereinfacht. Sie zeigt zwar die vier verschiedenen Substituenten am $\alpha$-Kohlenstoffatom, aber nicht ihre Lage im Raum. Tatsächlich befindet sich das $\alpha$-Kohlenstoffatom im Mittelpunkt eines Tetraeders. Für die Anordnung der restlichen Gruppen gibt es zwei Möglichkeiten,

Bild und Spiegelbild, Rechtsform und Linksform, wie wir es für ein vierfach verschieden substituiertes Tetraeder kennengelernt haben. In Abbildung 105 ist Alanin dargestellt, die einfachste händige Aminosäure, in der neben den immer gleichen Substituenten am $\alpha$-Kohlenstoff für R eine Methylgruppe CH3 steht.

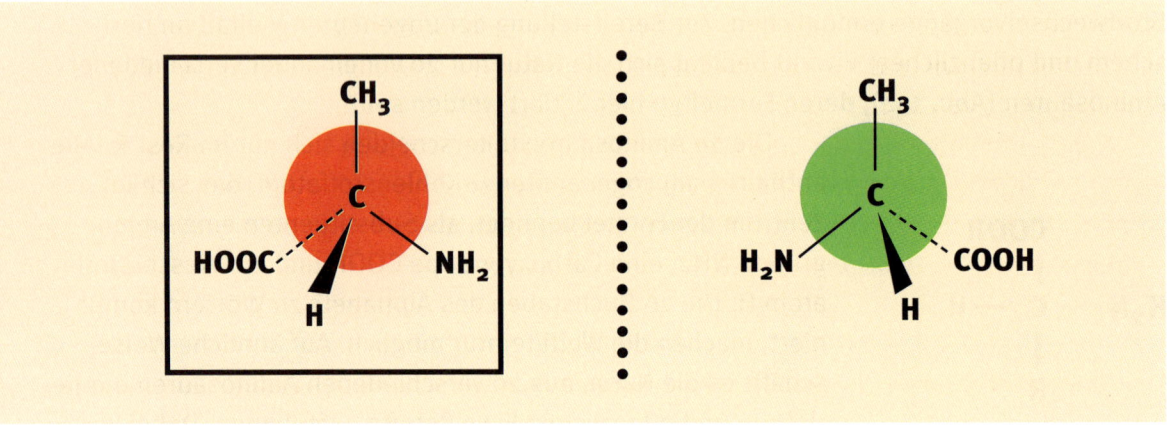

**Abb. 105**  Links-Alanin und Rechts-Alanin

Jetzt stellt sich wieder die Frage, die wir schon mehrfach erörtert haben: Sind die Rechtsform und die Linksform gleichberechtigt oder nicht? Wie immer bei Bild und Spiegelbild sollten eigentlich beide gleich „gut" sein. Für Nicht-Fachleute wird es daher überraschend sein zu erfahren, daß in Eiweißstoffen nur Links-Aminosäuren vorkommen, beim Alanin die dick umrandete Form in den Abbildungen 101 und 105 links. Rechts-Aminosäuren treten in Proteinen nicht auf. Die moderne Forschung hat dieses „nicht" etwas korrigiert: Ganz selten findet man auch Rechts-Aminosäuren, allerdings nur in speziellen Eiweißstoffen und in Mengen, die gegenüber den dominierenden Links-Aminosäuren zu vernachlässigen sind. So ist Rechts-Alanin in Bakterien ein Bestandteil der Zellwände.

Auch in der Froschhaut tritt Rechts-Alanin auf. Die Aminosäure Rechts-Asparaginsäure reichert sich beim alternden Menschen in der Augenlinse an, in der fast kein Stoffwechsel stattfindet, und während beim jungen Menschen der Zahnschmelz fast frei von Rechts-Asparaginsäure ist, wird diese im Dentin des alternden Menschen bis zu etwa 4 Prozent akkumuliert. Diese Tatsache spielt bei der Altersbestimmung von Skeletten in der forensischen Medizin eine gewisse Rolle, denn auch wenn das Körpergewebe schon verwest ist, ist das Dentin meist noch gut erhalten. Von dieser Nebenrolle der Rechts-Aminosäuren absehend, werden wir in der weiteren Diskussion nur von Links-Aminosäuren in den Eiweißstoffen sprechen.

Mit dieser Dominanz der Links-Aminosäuren stoßen wir also in der Natur auch auf der Ebene der Atome und Moleküle wieder auf die Bevorzugung einer der beiden möglichen Formen, wie wir sie bei Schneckenhäusern, Schlingpflanzen und den vielen anderen Beispielen beobachtet haben.

## NICHT RECHTS UND NICHT LINKS – DIE EINHEITLICHKEIT IST DAS ENTSCHEIDENDE

Die ausschließliche Verwendung von Links-Aminosäuren zum Aufbau der Eiweißstoffe in der Natur führte dazu, daß man gelegentlich von „Links"-Leben und von der „linken Hand der Schöpfung" spricht.

Wer politisch nach links tendiert, mag sich da bestätigt fühlen – zu Unrecht, denn wie wir sehen werden, handelt es sich bei den

### „LINKS"-LEBEN – DIE LINKE HAND DER SCHÖPFUNG

Zuckern, die an der Speicherung der Erbinformation beteiligt sind, um Rechtsformen. Außerdem muß man sich im klaren sein, daß die Rechts/Links-Bezeichnungen keine Naturgesetze, sondern Definitionen sind. Legte man bei der Bestimmung des Schrau-

89
Erklärung

bensinns einer Spirale in Abbildung 8 nicht willkürlich fest, daß man der Spirale vom Beobachter weg folgt, dann kehrten sich alle Rechts/Links-Symbole um. Diesen Definitionen, und damit auch den Begriffen rechts und links, kommt also keine tiefere Bedeutung zu. Der eigentliche Kern des Problems besteht im Prinzip der Einheitlichkeit: In der Natur wird bei Aminosäuren und anderen Biomolekülen von zwei an sich gleichberechtigten Alternativen, Bild und Spiegelbild, jeweils nur eine verwendet. Das ist das Erstaunliche und Wichtige, das weitreichende Konsequenzen hat.

## Zucker – rechts

Die Zucker, auch Kohlenhydrate genannt, sind zentrale Bestandteile des Stoffwechsels. Sie sind am Aufbau der DNA, der Erbsubstanz, beteiligt und bilden die Komponenten von Stärke und Zellulose. Stärke, ein in Pflanzen weit verbreitetes Reservekohlenhydrat, ist ein Bestandteil unserer Nahrung und die Form, in der überschüssige Kohlenhydrate in unserem Körper in der Leber gespeichert werden. Die Zellulose, einer der in riesigen Mengen anfallenden nachwachsenden Rohstoffe, liegt allen pflanzlichen Stützgeweben zugrunde. Auch bei diesen Kohlenhydraten stellt sich das Rechts/Links-Problem. Übersetzt man die chemische D-Konfiguration (D von dextro = rechts) ins Allgemeinverständliche, so kann man von Rechts-Zuckern sprechen. Links-Zucker spielen in der Natur keine Rolle. Wiederum also diese Einheitlichkeit, hier zugunsten von rechts!

Die Einheitlichkeit, die wir bei den Aminosäuren und Zuckern kennengelernt haben, setzt sich bei anderen Biomolekülen fort. Das bedeutet, die Natur benützt für ihre Stoffwechselvorgänge in Mensch, Tier und Pflanze von den Molekülen, die in Form von Bild und Spiegelbild auftreten können, nur jeweils eine Sorte, bei den Aminosäuren sind es die Linksformen, bei den Zuckern die Rechtsformen. Ein Stoffwechsel mit den entgegengesetzten Molekülformen, bei den Aminosäuren z.B. mit dem in Abbildung 102 nicht eingerahmten Rechts-Alanin oder auch mit Gemischen von Rechts- und Linksformen, wäre zwar theoretisch denkbar, wird aber auf dem ganzen Erdball bei keinem Lebewesen gefunden. Es gäbe dafür auch keine Ernährungsgrundlage, denn alle Nahrungsketten sind auf den Stoffwechsel mit Links-Aminosäuren und Rechts-Zuckern eingerichtet. So enthält das Eiweiß in dem Steak in Abbildung 106 nur Links-Aminosäuren, von Alanin also nur die im Einschub dick umrandete rote Form.

Die spiegelbildlichen Formen wären in unserem Stoffwechsel nicht zu verwenden. Sie könnten in die ständig ablaufenden Aufbau-, Abbau- und Umbauvorgänge nicht einbezogen werden. Ein „gespiegeltes" Steak, wie in Abbildung 107, das nicht nur von der Form her spiegelbildlich zu dem in Abbildung 106 gezeigten ist, sondern auch aus gespiegelten Aminosäuremolekülen aufgebaut ist (z.B. aus Rechts-Alanin, im Einschub von Abbildung 107 gestrichelt umrandet und grün markiert), gibt es auf der ganzen Welt nicht, auch nicht auf der

## EIN RECHTS-STEAK LÄGE WIE EIN STEIN IM MAGEN

Südhalbkugel. Ein solches „falsches" Steak wäre ein Unikum. Es würde ganz anders riechen und schmecken als sein Gegenstück von unseren Speisekarten, denn auch die Riechstoffe, die es abgibt, und die Geschmacksstoffe, die es enthält, sind händig. Sie würden nicht so zu unseren Rezeptoren in Nase und Mund passen wie die eines „richtigen" Steaks. Schlimmer noch, ein „falsches" Steak wäre unverdaulich und würde wie ein Stein im Magen liegen.

**Abb. 106 und 107**    Links-Steak und Rechts-Steak

Unsere Verdauungsenzyme, auf die Links-Aminosäurewelt eingestellt, könnten ein solches Steak nicht angreifen und aufschließen. Ein solches Rechts-Steak wäre die ideale Nahrung für einen Außerirdischen aus einer fiktiven Rechts-Aminosäurewelt. Umgekehrt müßte ein Lebewesen aus einer Rechts-Aminosäurewelt auf der Erde verhungern, weil ihm das Nahrungsangebot einer Links-Aminosäurewelt nichts helfen würde. Solche Geschichten über Gäste aus der Rechts-Aminosäurewelt auf unserer Links-Aminosäureerde sind in vielfachen Variationen im Umlauf.

Wann hat sich die Natur für das Leben mit Links-Aminosäuren entschieden? Es muß ein sehr früher Zeitpunkt gewesen sein. Wenn es neben dem Aufbau des Lebens mit Links-Aminosäuren auch Experimente der Natur gegeben hat, ein Konkurrenz-Leben mit Rechts-Aminosäuren zu etablieren, so sind die Spuren dieser Versuche verschwunden. Die Existenz von Links-Leben und Rechts-Leben nebeneinander auf unserem Planeten würde zu einem Durcheinander

## FRÜHE FESTLEGUNG AUF LINKS-AMINOSÄUREN UND RECHTS-ZUCKER

führen wie der Gebrauch von Schrauben und Muttern beider Händigkeit in der Technik. In der Technik hat man sich weltweit auf die Rechtshändigkeit festgelegt. Eine ähnliche Entscheidung muß die Natur zu einem frühen Zeitpunkt bei der Entwicklung des Lebens mit der Festlegung auf die Links-Aminosäuren und die Rechts-Zucker getroffen haben. Sie vermeidet dadurch Komplikationen, die denen sehr ähnlich wären, die sich bei der gleichzeitigen Verwendung von Rechtsschrauben und Linksschrauben ergeben würden. Man stelle sich vor, es würden zwei Arten von Lebewesen, solche mit Proteinen aus Links-Aminosäuren und solche mit Proteinen aus Rechts-Aminosäuren, auf der Erde existieren. Jedes Lebewesen müßte dann genau wissen, ob seine Beute von der Händigkeit her zu ihm paßt oder nicht. Verschlänge es die falsche Beute, könnte es sie nicht verdauen. Es bliebe ihm nur, sie zu erbrechen. Diese Unvereinbarkeiten hat die Natur dadurch vermieden, daß sie sich auf nur eine Art Leben, und zwar die mit Links-Aminosäuren und Rechts-Zuckern, festgelegt hat. Dadurch sind die verschiedenen lebenden Systeme optimal aufeinander abgestimmt.

Die weltumspannende Einheitlichkeit der Stoffwechselvorgänge mit nur jeweils einer Sorte von händigen Molekülen ist eine Tatsache. Wie sie zustande kam, darüber gibt es viele verschiedene Theorien, über die noch zu sprechen sein wird. Hier soll zunächst eine weitreichende Konsequenz aus dieser Tatsache gezogen werden, die einen Großteil der bis jetzt in diesem Buch beschriebenen Selektivitäten auf einen Schlag erklärt, und zwar all die Rechts/Links-Bevorzugungen in der Natur. Sowohl die Schneckenhäuser als auch die Schlingpflanzen sind Produkte von Stoffwechsel- und Wachstumsvorgängen, und damit gehen die bevorzugten Richtungen letztlich auf die Festlegung der Natur auf Links-Aminosäuren und Rechts-Zucker zurück. Hätte sich die Natur bei den Biomolekülen für die andere Händigkeit entschieden, wären heute die Schneckenhäuser überwiegend linkshändig, und der Hopfen würde rechtsspiralig klettern. Aber wie ausgeführt, ist das eine Utopie, die es nirgends gibt, auch nicht auf der Südhalbkugel der Erde.

Die Verwendung nur einer Sorte händiger Moleküle im Stoffwechsel ist daher nicht nur ein weiteres Beispiel für Selektivität, sondern, wie durch die Pfeile in Abbildung 108 angedeutet, die eigentliche Ursache für die Bevorzugungen, die wir in der Natur beobachten. Die Rechtshändigkeit der Schneckenhäuser und die Linkshändigkeit des Hopfens sind damit Konsequenzen davon. Soweit die Tatsachen; Spekulationen über ihr Zustandekommen folgen später.

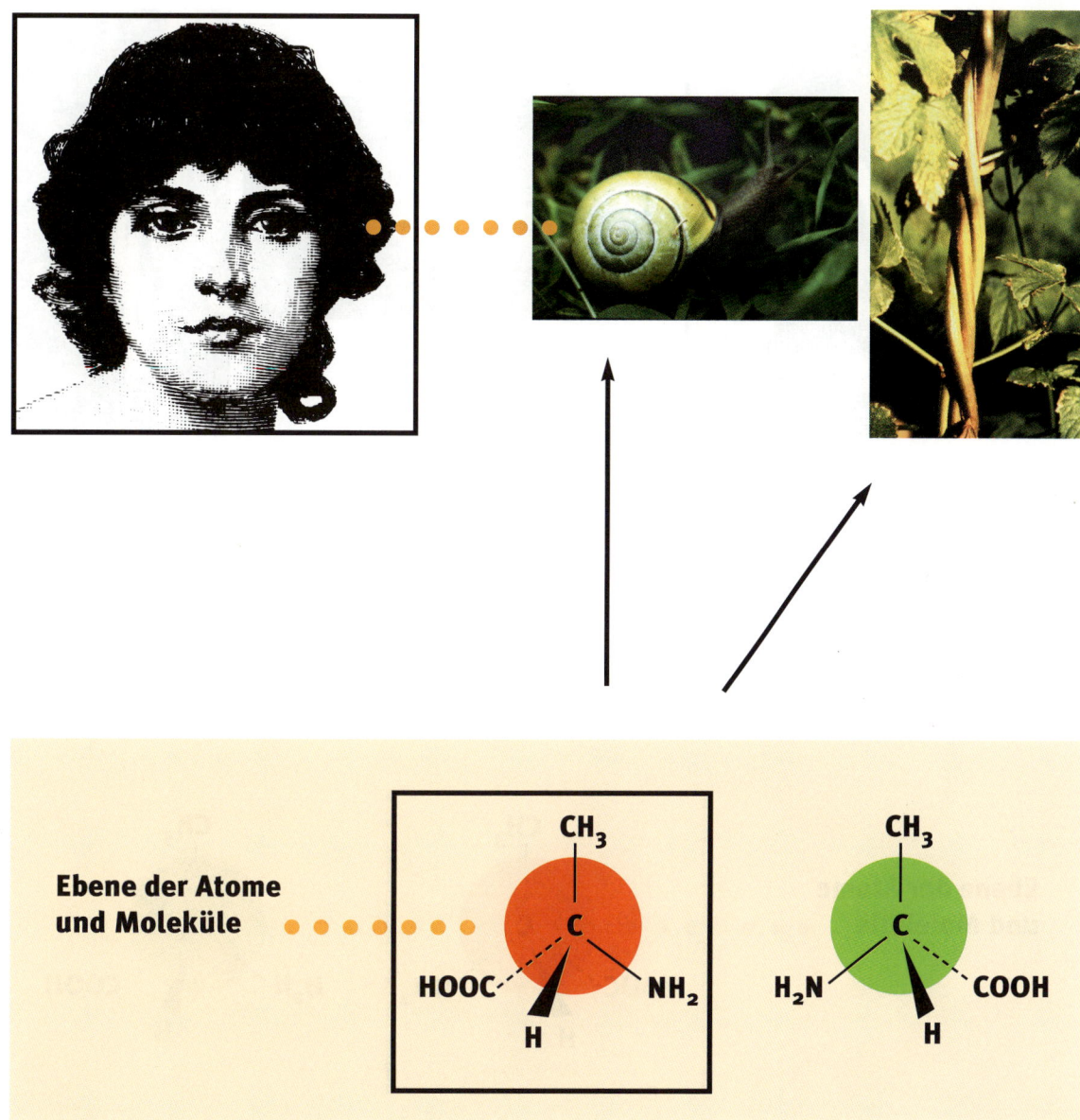

**Ebene der Atome und Moleküle**

**Abb. 108** Händigkeit der Biomoleküle und Konsequenzen

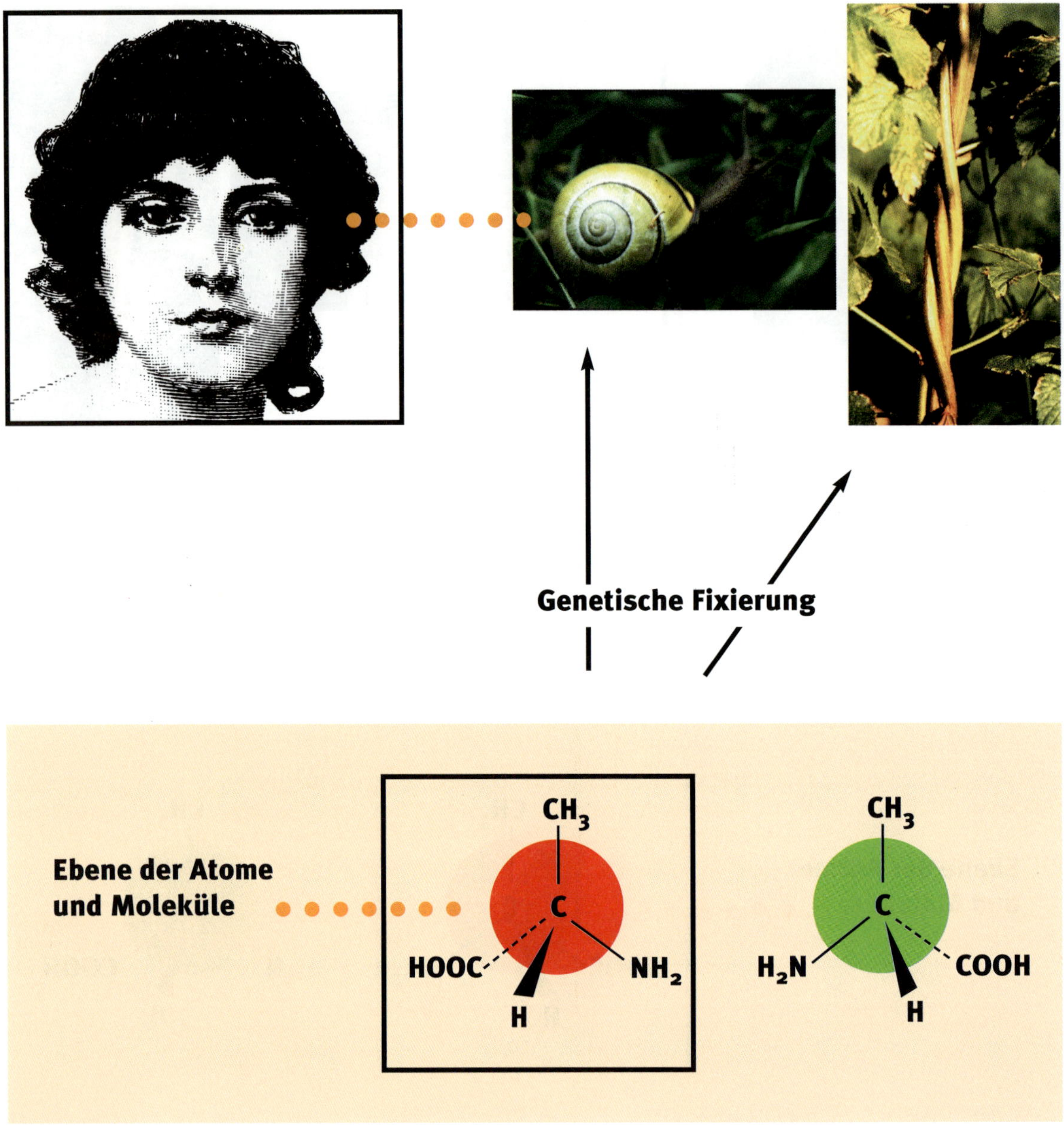

**Genetische Fixierung**

**Ebene der Atome und Moleküle**

CH₃

HOOC — C — NH₂

H

CH₃

H₂N — C — COOH

H

**Abb. 109**  Genetische Kontrolle der Händigkeit

**96**
**Erklärung**

**D**er Zusammenhang zwischen der Einheitlichkeit der händigen Moleküle im Stoff-wechsel und den Rechts/Links-Objekten, die wir sehen, ist jetzt klar, obwohl die Ebene unserer Wahrnehmung mit den Sinnen und die Ebene der Atome und Moleküle weit auseinanderliegen. Es stellt sich die Frage, ob dazwischen nicht noch andere Ebenen exi-stieren, die Rechts/Links-Entscheidungen steuern können. Eine solche Ebene gibt es; es ist die genetische Fixierung (Abb. 109).

Dies soll an der Schneckenart Limnea peregra erklärt werden, die seit langer Zeit gut erforscht ist. Die Rechts- bzw. Linkswindung des Gehäuses wird durch ein einziges Gen gesteuert, das dominant **D** (Rechtshändigkeit) oder rezessiv $\ell$ (Linkshändigkeit) sein kann (Abb. 110).

Es sind folgende Kombinationen möglich. Die Kombinationen **DD** mit zwei dominanten Genen **D** für die Rechtshändigkeit entsteht, wenn sowohl vom Vater als auch von der Mut-ter **D** vererbt wird. Auch die Kombination **D**$\ell$ eines dominanten Gens **D** für die Rechtshän-digkeit und eines rezessiven Gens $\ell$ für die Linkshändigkeit (je eines von Vater und Mutter) führt ausnahmslos zu rechtshändigen Gehäusen in der nächsten Generation. Nur die Kom-bination von zwei rezessiven Genen $\ell\ell$, je eines von Vater und Mutter, ergibt in allen Nach-kommen, die diese Kombination haben, die seltene Linkshändigkeit, weil im Cytoplasma des befruchteten $\ell\ell$-Eis ein Faktor gebildet wird, der zur Linkshändigkeit des Gehäuses

| Eltern | | | Erste Generation | |
|---|---|---|---|---|
| Vater | Mutter | | Genotyp | Phänotyp |
| $\ell\ell$ | DD+ | → | D$\ell$ | alle rechtshändig |
| DD | $\ell\ell$- | → | D$\ell$ | alle linkshändig |
| D$\ell$ | D+ | → | 1DD:2D$\ell$:1$\ell\ell$ | alle rechtshändig |

**Abb. 110**  Genetik der Rechts/Linkshändigkeit von Schneckenhäusern

führt. Daß es dieser Cytoplasmafaktor ist, der über Rechts- oder Linkswendelung entscheidet, läßt sich dadurch beweisen, daß sich die seltenen Linksgehäuse auch bilden, wenn man in Eier mit **DD**- oder **D***l*-Erbinformation etwas Cytoplasma aus einer *ll*-Eizelle einführt. Es sollte noch angefügt werden, daß das rezessive Gen *l* sehr selten ist, was damit erst recht für die *ll*-Kombination gilt. Dies ist der Grund für die Seltenheit der Linkgehäuse bei Limnea peregra. Ähnliches gilt auch für andere Schnecken.

Bei der ersten Zellteilung, durch die die befruchtete Eizelle in das Zweizellenstadium übergeht, erfolgt noch keine Rechts/Links-Ausprägung. Dazu kommt es erst bei der zweiten Zellteilung, beim Übergang zum Vierzellenstadium, auf den Pfeilen in Abbildung 111 durch die senkrechte Markierung angedeutet. Dabei fällt die Bild/Spiegelbild-Entscheidung, die sich dann – je nach der genetischen Situation – in der häufigen Rechtshändigkeit oder der seltenen Linkshändigkeit des Gehäuses äußert.

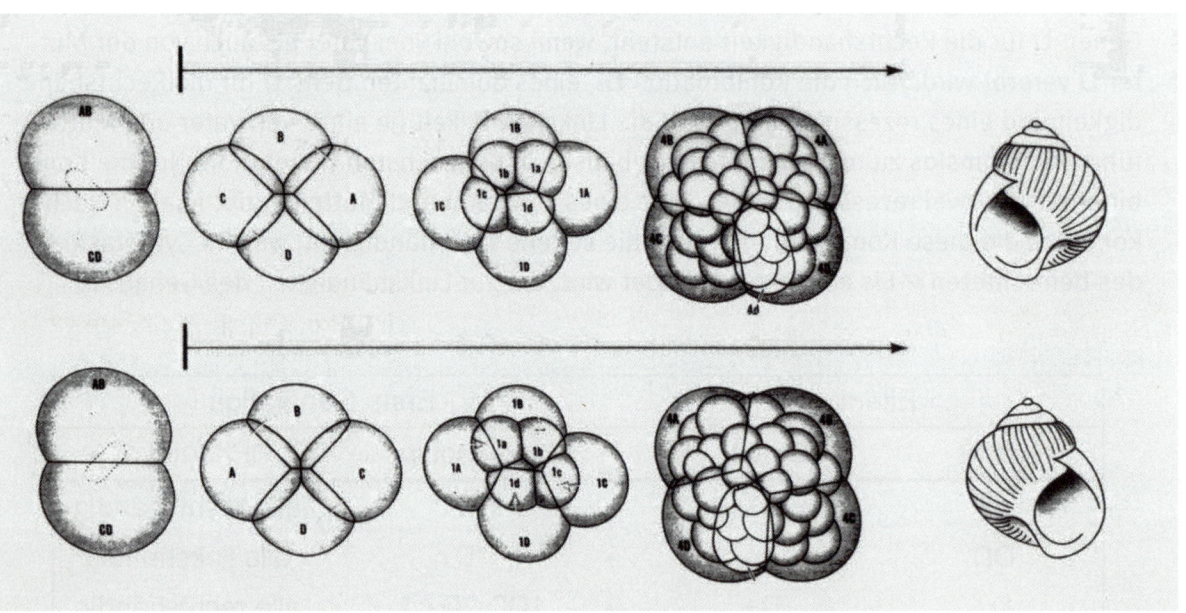

**Abb. 111**   Rechts/Links-Differenzierung von Schneckenhäusern

Natürlich ist auch die Richtung dieser genetischen Fixierung letztlich auf den Stoffwechsel mit Links-Aminosäuren und Rechts-Zuckern zurückzuführen, und auch die genetische Fixierung wäre genau anders herum, wenn der Stoffwechsel die entgegengesetzten
händigen Moleküle benützen würde. Die Steuerung durch das dominante bzw. rezessive
Gen **D** bzw. $\ell$ ist jedoch eine Zwischenebene, auf der die Rechts/Links-Differenzierung nach
den Mendelschen Gesetzen der Vererbung erfolgt.

## RECHTS UND LINKS – NICHT IMMER GENETISCH FIXIERT

**R**echts/Links-Eigenschaften sind nicht immer genetisch fixiert.
Ein Beispiel dafür ist die Kokospalme, die an den Küsten der
Subtropen und Tropen gedeiht. Das Wachstum der Palmwedel erfolgt
spiralig (Abb. 112). Für die Kokospalme sind Statistiken veröffentlicht
worden, nach denen die rechtshändige Form gegenüber der linkshändigen mit 52:48 geringfügig
häufiger ist. Die Selektivität ist
mit 4 Prozent nur klein; sie ist
aber nicht Null. Es scheint ein
zufälliger, aber durchaus sinn-
voller Ausgleich zu sein, daß die
weniger häufige linkshändige
Form etwas mehr Früchte trägt
als die häufigere Rechtsform.

**Abb. 112**  Stamm einer Kokospalme
und Rechts/Links-Wachstum
der Palmwedel

**Abb. 113**   Spiralige Walzenwolfsmilch

Versuche haben gezeigt, daß die Rechts/Links-Spiraligkeit hier nicht genetisch kontrolliert ist. Zieht man eine größere Anzahl von Kokospalmen aus den Samen der Rechtsform und der Linksform, so ergeben sich in beiden Fällen Populationen, in denen das Rechts/Links-Verhältnis einheitlich 52:48 ist. Dieses Verhältnis scheint unmittelbar auf die Stoffwechsel-vorgänge mit Links-Aminosäuren und Rechts-Zuckern zurückzugehen. Die Zwischenebene einer genetischen Fixierung existiert nicht.

Am Stamm der Kokospalme in Abbildung 112 sind neben der Spirale, die aus dem tatsächlichen Blatt-wachstum hervorgeht, weitere Spiralen mit wesentlich größerer Ganghöhe zu erkennen. Solche Spiralmuster findet man auch bei anderen Pflanzen, z.B. bei der Walzenwolfsmilch in Abbildung 113.

## PHYLLOTAXIE

ft ist das Blattwachstum von Pflanzen symmetrisch; in der Blattständigkeit tritt keine Händigkeit auf. Manchmal entwickeln sich jedoch auch händige Struktu-ren. Bereits vorgestellte Beispiele dafür sind die Anordnung der Wedel in Pandanus spira-lis und in der Kokospalme. Ein anderes Beispiel ist die sogenannte 3/8-Phyllotaxie, bei der das nächste Blatt im Vergleich zum vorhergehenden am Stamm nach oben versetzt einen Winkel von 135° (3/8 von 360°) einschließt (Abb. 114).

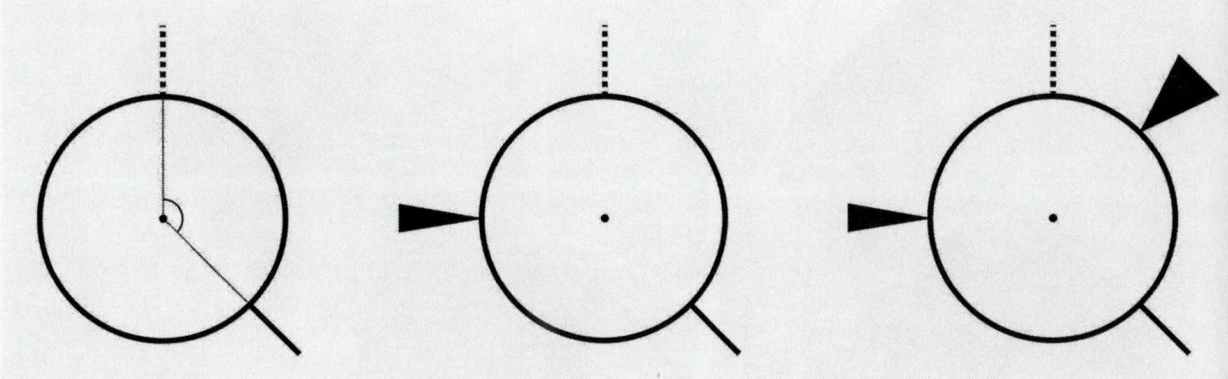

**Abb. 114** Linkshändige 3/8-Phyllotaxie

Das übernächste Blatt bildet dann relativ zum ersten einen Winkel von 270° (6/8 von 360°), während das dritte Blatt mit einem Winkel, der 9/8 des 360°-Winkels beträgt, von oben betrachtet schon um 45° über das erste Blatt hinausgewachsen ist. In Abbildung 114 ist das unterste Blatt gestrichelt angedeutet, das nächste in normaler Strichstärke, das übernächste als dünner Keil und das letzte als dicker Keil. Es kommt zur Ausbildung einer spiraligen Struktur, hier einer Linksspirale – gleichgültig, ob man dem Stamm von den neuen Blättern zu den älteren oder umgekehrt folgt (siehe die Definition in Abbildung 8). Ein Beispiel für dieses Blattwachstum ist der Gummibaum (Abb. 115), ungestörtes Wachstum und Licht von allen Seiten vorausgesetzt.

Ein anderes Beispiel, das in diesem Zusammenhang näher vorgestellt werden soll, ist Hibiscus furcartus. Abbildung 116 zeigt einen Chinarosenstamm mit linkshändigem Blattwachstum. Bei Hibiscus furcartus ist das Verhältnis der Rechts- und Linksformen bezüglich der Blattständigkeit 51:49. Wie bei der Kokospalme ist das

**Abb. 115** Gummibaum – Blattwachstum linkshändig

**Abb. 116**  Chinarose – Blattwachstum linkshändig

Verhältnis hier nicht genetisch fixiert. Bei der Nachkommenschaft sowohl der Rechtsform als auch der Linksform stellt sich einheitlich ein Rechts/Links-Verhältnis von 51:49 ein. Es kann auch durch Zusatz von Aminosäuren oder Zuckern beim Keimen nicht verändert werden, obwohl diese Chemikalien eine händige Information mitbringen.

Die Blüten der phyllotaktischen Rechtsform von Hibiscus furcartus bilden einen Rechtspropeller, die Blüten der Linksform einen Linkspropeller. Die Abhängigkeit der Händigkeit der Blüte vom Spiralsinn des Blattwachstums im Stamm ist außerordentlich hoch und liegt bei nahezu 100 Prozent. Da der Spiralsinn des Blattwachstums, wie erwähnt, nur eine geringe Bevorzugung für rechts erkennen läßt (Verhältnis 51:49), ergibt sich für den Schraubensinn der Hibiscusblüten ein Rechts/Links-Verhältnis, das nahe bei 1:1 liegt (Abb. 72 und 73). Die Händigkeit von Hibiscus furcartus wird also von zwei verschiedenen Stereoselektivitäten bestimmt, einer sehr geringen bei der Rechts/Links-Phyllotaxie und einer sehr hohen bei der Anlage der Blüten in bezug auf eine gegebene Blattständigkeit.

Besonders interessant an Hibiscus furcartus sind die Seitentriebe, die sich in den Blattachseln entwickeln (Abb. 117). Der Spiralsinn ihres Blattwachstums unterscheidet sich teilweise von dem des Hauptstamms, und das Rechts/Links-Verhältnis ist überraschenderweise temperaturabhängig. Während sich die Händigkeit der Seitentriebe bei Pflanzen, die im Gewächshaus bei 27° C gezogen wurden, im Verhältnis 83:17 an der Phyllotaxie des Hauptstamms orientierte, ging diese Stereoselektivtät bei einer Gewächshaustemperatur von 31° C auf 69:31 zurück. Die Seitentriebe von Hibiscus furcartus verhalten sich also genauso wie die Moleküle in den meisten chemischen Reaktionen: Bei höherer Temperatur wird die Stereoselektivität kleiner.

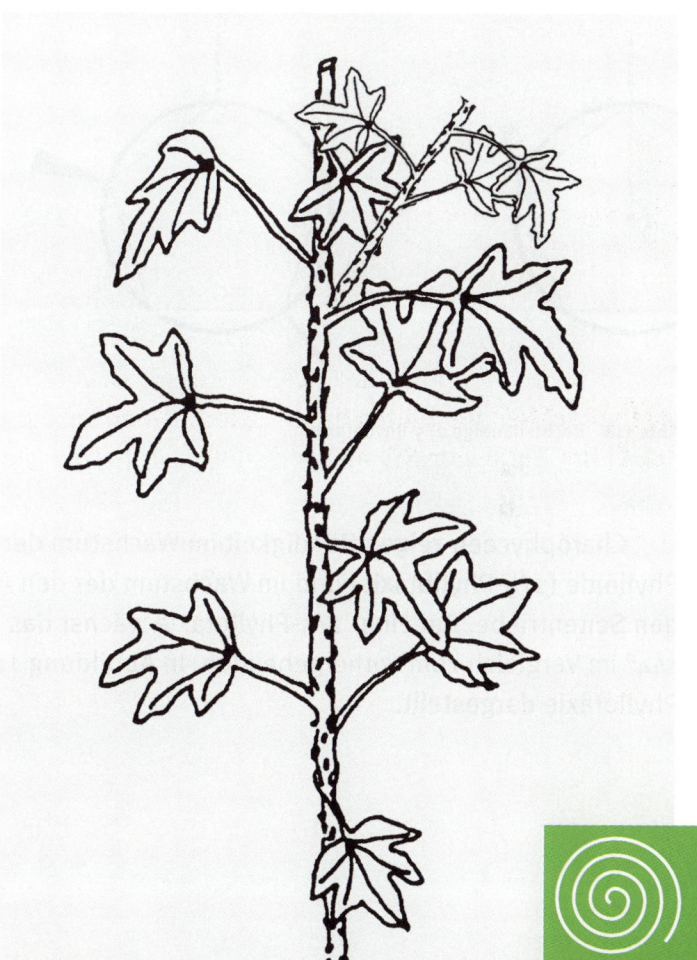

**Abb. 117**
Phyllotaxie in Hauptstamm und Seitentrieb

**D**ie Charophyceen oder Armleuchtergewächse, die zwischen den Grünalgen und den Landpflanzen stehen, wachsen seit Urzeiten im Süß- und Brackwasser. Die Größe dieser Pflanzen reicht heute von mehreren Zentimetern bis zu etwas mehr als einem Meter. Das Charakteristische an den Charophyceen ist die Händigkeit vieler ihrer Strukturmerkmale. Bevor wir die paläontologische Entwicklung der Händigkeit der Charophyceen beleuchten, wollen wir die heutige Situation beschreiben.

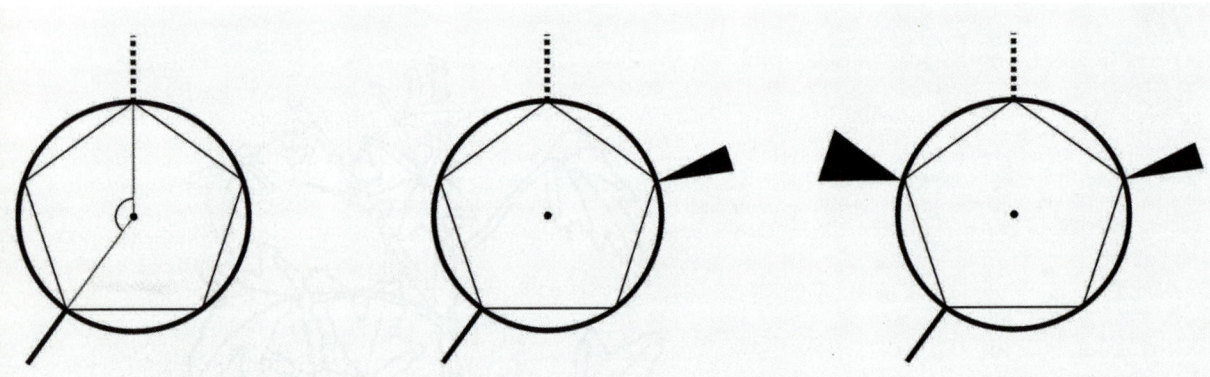

**Abb. 118**   Rechtshändige 2/5-Phyllotaxie

Charophyceen zeigen Händigkeit im Wachstum der den Blättern entsprechenden Phylloide (2/5-Phyllotaxie) und im Wachstum der den Armleuchter-Eindruck hervorrufenden Seitentriebe. Bei einer 2/5-Phyllotaxie wächst das nächste Blatt jeweils im Winkel von 144° im Vergleich zum vorhergehenden. In Abbildung 118 ist eine Rechtsspirale in 2/5-Phyllotaxie dargestellt.

Besonders ausgeprägt ist die Händigkeit bei den Oogonien, den weiblichen Früchten der Charophyceen, die eine linksspiralige Struktur aufweisen (Abb. 119). Rechtshändige Oogonien sind heute nicht zu finden.

Die Oogonien verkalken häufig noch zu Lebzeiten der Pflanzen. In dieser Form, in der sie als Fossilien erhalten bleiben, nennt man sie Gyrogonien. Versteinerte Gyrogonien findet man zuhauf in Sedimenten der verschiedensten Erdzeitalter. Die ersten Spezies kommen bereits im Oberen Silur vor und sind damit mehr als 400 Millionen Jahre alt. Sie haben seltsame Formen, die aber noch nicht spiralig sind und sich von den heutigen Formen deutlich unterscheiden. Während die heutigen Spezies linkshändig sind, entwickelte sich im frühen Devon zunächst eine Reihe von rechtshändigen Typen. Im Mitteldevon traten auch linkshändige Formen auf. Für eine gewisse Zeit existierten die verschiedenen rechtshändigen und linkshändigen Typen nebeneinander. Dann verschwanden gegen

## HÄNDIGKEIT IN DER PALÄONTOLOGIE

Ende des Perms, in der paläozoischen Krise, deren Ursachen auch heute noch rätselhaft sind, alle Formen, bis auf die mit fünfzähliger Symmetrie und linker Händigkeit. Diese Krise war einschneidender als die Krise im Tertiär, die zum Aussterben der Dinosaurier führte. Offenbar war die heute existierende Art die einzige, die diese Katastrophe überlebte, obwohl sie damals nicht einmal dominierte. Die heutige Form findet man bereits im Oberen Carbon vor etwa 280 Millionen Jahren.

**Abb. 119**  Oogonium – linksspiralig

# HISTORISCHE SCHLAGLICHTER

**D**ie Höhlenzeichnungen in Südfrankreich sind etwa 20.000 Jahre alt. Sie enthalten die Darstellung zweier einander gegenüberstehender Mammuts (Abb. 120). Neben den erwähnten Bibelzitaten (Buch Jonas 4:11 und Buch der Richter 20:16) sind sie wahrscheinlich die früheste Dokumentation von Bild und Spiegelbild.

Im Zusammenhang mit den Händen und Füßen wurde das Bonmot von Descartes über die Spiegelbildlichkeit der Füße zitiert, das aus der zweiten Hälfte des 17. Jahrhunderts stammt. Es zeigt, daß das Bild/Spiegelbild-Phänomen bereits damals bekannt war.

**Abb. 120**  Spiegelbildliche Mammuts – Höhlenzeichnung

**Abb. 121**   René Descartes (1596 - 1650)

**Abb. 122**   Immanuel Kant (1724 - 1804)

Descartes (Abb. 121) war sich auch im klaren darüber, daß eine Inversion des Vorzeichens auf einer Achse im nach ihm benannten kartesischen Koordinatensystem einer Spiegeloperation entspricht. Er maß diesen Dingen über die Mathematik hinaus aber keine größere Tragweite zu. Daß das Rechts/Links-Phänomen eine erhebliche wirtschaftliche Bedeutung erhalten würde, insbesondere für die chemische und die pharmazeutische Industrie, und daß es bei der Entstehung des Lebens eine zentrale Rolle spielen würde, konnte er noch nicht wissen.

Auch von Goethe und seinem Versuch, das spiralige Wachstum der Pflanzen zu erklären, war schon die Rede. Zeitlich zwischen Goethe und Descartes einzuordnen ist der Philosoph Kant (zweite Hälfte des 18. Jahrhunderts). Kant (Abb. 122) war der erste, der sich des Bild/Spiegelbild-Phänomens wissenschaftlich bediente. Welche Kenntnisse über die Händigkeit bereits zur Zeit Kants vorlagen, zeigt folgendes Zitat aus seinem Aufsatz Von dem ersten Grunde des Unterschieds der Gegenden im Raume (1768): „Aller Hopfen windet sich von der Linken gegen die Rechte um seine Stange; die Bohnen aber nehmen eine entgegengesetzte Wendung. Fast alle Schnecken, nur etwa drei Gattungen ausgenommen, haben ihre Drehung, wenn man von oben herab, d. i. von der Spitze zur Mündung, geht, von der Linken gegen die Rechte. Diese bestimmte Eigenschaft wohnt eben derselben Gattung von Geschöpfen unveränderlich bei ohne einiges Verhältniß auf die Halbkugel, woselbst sie sich befinden, und auf die Richtung der täglichen Sonnen- und Mondsbewegung, die uns von der Linken gegen die Rechte, unsern Antipoden aber diesem entgegen läuft, weil bei den angeführten Naturproducten die Ursache der Windung in den Samen selbst liegt." Kants Beschreibung von Bild und Spiegelbild ist auch heute nichts hinzuzufügen, wenn er in Prolegomena zu einer jeden künftigen Metaphysik (1783) schreibt:

„WAS KANN WOHL MEINER HAND ODER MEINEM OHR
ÄHNLICHER UND IN ALLEN STÜCKEN GLEICHER SEIN,
ALS IHR BILD IM SPIEGEL?
UND DENNOCH KANN ICH EINE SOLCHE HAND,
ALS IM SPIEGEL GESEHEN WIRD,
NICHT AN DIE STELLE IHRES URBILDES SETZEN,
DENN WENN DIESES EINE RECHTE HAND WAR,
SO IST JENE IM SPIEGEL EINE LINKE,
UND DAS BILD DES RECHTEN OHRES IST EIN LINKES,
DAS NIMMERMEHR DIE STELLE
DES ERSTEREN VERTRETEN KANN."

In Kants Aufsatz Von dem ersten Grunde des Unterschieds der Gegenden im Raume (1768) steht die Struktur des Raums im Zentrum. Kant nahm an, er könne mit Hilfe der Bild/Spiegelbild-Beziehung Aufschluß über die Struktur des Raumes bekommen. Bei diesen Überlegungen ist dem Großmeister der Logik allerdings ein Fehler unterlaufen, für den wir heute Chemiestudenten im Vordiplom tadeln würden. Es handelt sich um folgendes Gedankenexperiment: Kant stellte sich eine einzelne Hand als ein erstes „Schöpfungsstück" im leeren Universum vor und untersuchte, ob man entscheiden könne, ob es sich um eine rechte oder eine linke Hand handelt. Sein Lösungsvorschlag: Ein Körper materialisiere sich im Raum, komplett bis auf die beiden Hände. Dann kann man ausprobieren, ob die Hand rechts oder links paßt und damit eine rechte oder linke Hand ist und eine rechte oder linke Hand war, bevor der Körper sich materialisierte. Was Kant dabei übersah, war, daß die Rechts/Links-Unterscheidung mit dem sich materialisierenden Körper eingeführt wird. Um den oben angeführten Tadel für Kant und einen Vordiplomanden zu relativieren: Es ist sehr wohl ein Unterschied, ob man sich mit etwas grundsätzlich Neuem zum ersten Mal beschäftigt oder nach einer intensiven Unterrichtung in Stereochemie-Vorlesungen.

## GERIEFTE TEILCHEN UND DER MAGNETISMUS

Bei den Betrachtungen über die Materie geht Descartes in seinem Buch Die Prinzipien der Philosophie (1644) davon aus, „daß die Teilchen, in die die ganze Materie der Welt im Anfange geteilt angenommen worden, damals Kugelgestalt nicht gehabt haben können, weil mehrere Kugeln nebeneinander den Raum nicht ausfüllen." Er fährt fort: „Welcher Gestalt sie aber auch gewesen sind, so mußten sie doch im Laufe der Zeit rund werden. Wenn sie nämlich im Beginn mit genügend starker Kraft bewegt worden sind, so war die Kraft unzweifelhaft auch stark genug, um alle ihre Ecken bei ihrer späteren gegenseitigen Begegnung abzuschleifen. Und aus dieser Abreibung der Ecken sieht man leicht, wie der Körper endlich rund werden mußte. Da es aber keine durchaus leeren Räume geben kann, so werden sie keine Zwischenräume behalten haben, und diese mußten also von anderen ganz kleinen Abgängen des Stoffes, welche die zur Ausfüllung nötige Gestalt hatten, ausgefüllt werden." Descartes spricht in diesem Zusammenhang von den „zwei ersten Elementen dieser sichtbaren Welt. Die erste Art ist die, welche in Stückchen von endloser Kleinheit zerspringt und ihre Gestalt der Enge der von den Kügelchen des zweiten Elements frei gelassenen Lücken anpaßt." Anhand teilweise verkürzter Originalzitate schließt sich im folgenden Descartes Erklärung des Magnetismus an, mit der er den Dualismus Nordpol/Südpol auf die Rechts/Links-Beziehung seiner „gerieften Teilchen" zurückführt.

Bei den Bewegungen der Teilchen unterscheidet Descartes zwischen geraden und „krummlinigen" Bewegungen. „Da sie nämlich oft durch jene engen dreieckigen Räume hindurchgehen, welche sich zwischen den Kügelchen zweiten Elementes, die sich berühren, befinden, so müssen sie nach Breite und Tiefe die dreieckige Gestalt annehmen; in bezug auf die Länge ist sie aber nicht leicht zu bestimmen, weil sie nur von der Menge der Materie, aus der diese Teilchen sich bilden, abzuhängen scheint; es genügt, wenn man sie sich als dünne Säulen vorstellt, die an ihrer Oberfläche drei vertiefte, nach Art der Schneckenhäuser gewundene Rinnen haben, so daß sie drehend durch jene Gänge hindurchkommen können und die Gestalt des krummlinigen Dreiecks haben, wie sie zwischen drei sich berührenden Kügelchen zweiten Elements immer sich befinden."

Hier kommt die Händigkeit ins Spiel. Die „gerieften Teilchen ersten Elementes" bewegen sich in Gängen.

„DIESE GÄNGE MÜSSEN NACH ART
DER SCHNECKENHÄUSER AUSGEHÖHLT SEIN,
DER GESTALT DER EINGELASSENEN
GERIEFTEN TEILCHEN ENTSPRECHEND;
DESHALB SIND DIE FÜR DIE EINE ART PASSENDEN GÄNGE
ES NICHT FÜR DIE ANDERE ART,
DIE UMGEKEHRT GEWUNDEN SIND."

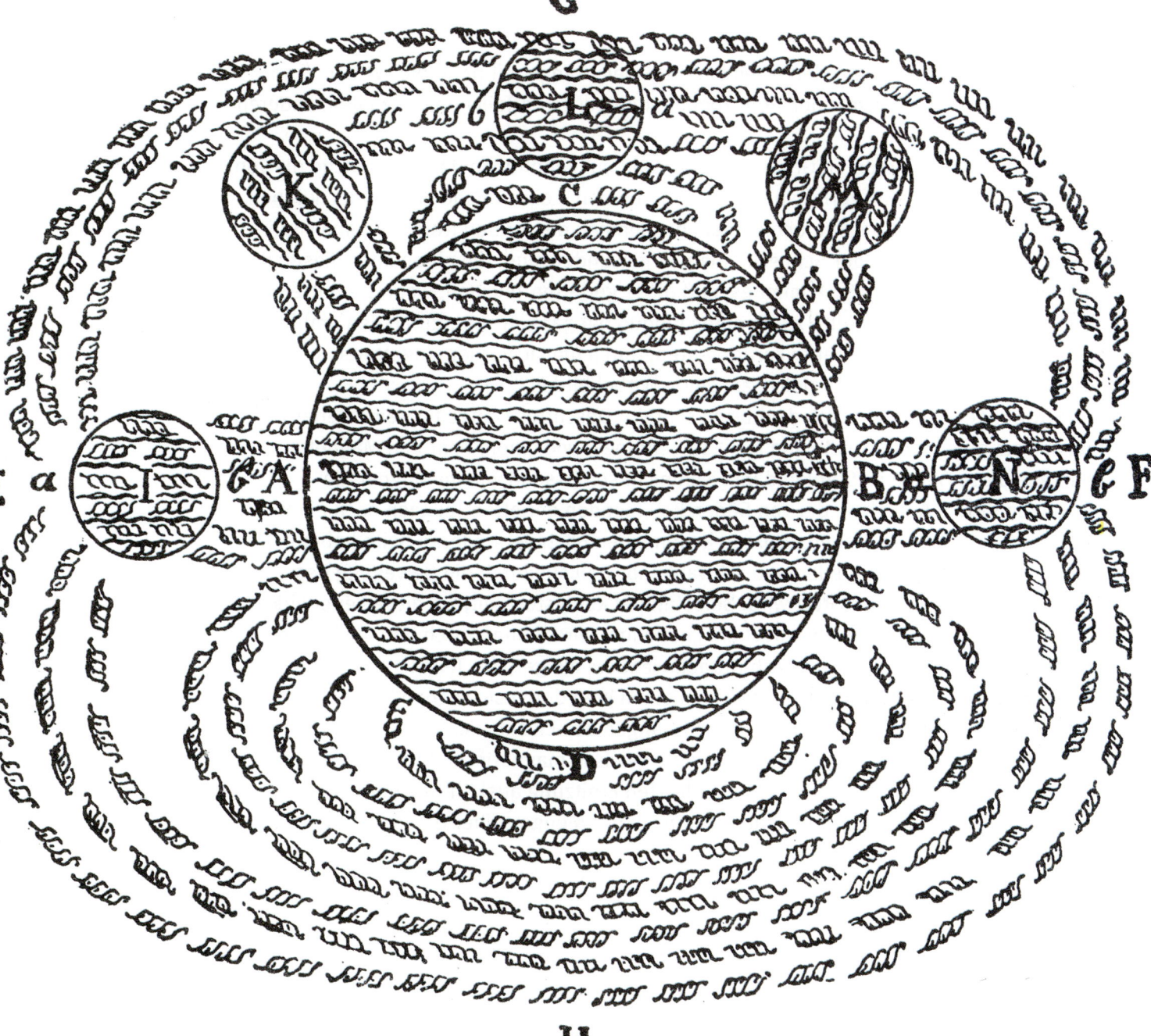

**Abb. 123** Das Entstehen des Erdmagnetismus nach Descartes (1644); rechts- bzw. linksgeriefte Teilchen und die zugehörigen Schneckenhaus-artig ausgehöhlten Gänge

Descartes nimmt im „mittleren Teil der Erde viele Gänge mit parallelen Achsen" an, „durch welche die von dem einen Pole kommenden geriseften Teilchen frei zu dem anderen gehen" (Abb. 123).

„Diese Gänge sind deren Größe entsprechend ausgehöhlt, so daß die, welche die von dem Südpol kommenden geriseften Teilchen aufnehmen, keine solche aufnehmen können, die von dem Nordpol kommen, und umgekehrt nehmen die für den Nordpol keine südlichen auf, da sie nach Art der Schneckenhäuser gewunden sind, die einen nach dieser, die anderen nach jener Seite. So kommt es, daß diese geriseften Teilchen, wenn sie mitten durch die Erde von einer Hälfte zur anderen hindurchgegangen sind, durch den umfließenden Äther zu derselben Erdhälfte zurückkehren, durch die sie vorher eingetreten sind, sie abermals durchlaufen und so gleichsam einen Wirbel bilden."

Sowohl dem Stahl als auch dem Eisen schreibt Descartes Gänge für seine geriseften Teilchen zu, aber nicht so viele und nicht so geordnete wie einem richtigen Magneten. „Daß alle diese Gänge im Stahl und im Eisen nicht so passend wie im Magnet die Öffnungen für die Aufnahme der von Süden kommenden geriseften Teilchen nach einer Seite, und für Aufnahme der von Norden kommenden nach der anderen Seite haben; vielmehr ist deren Lage verschieden und schwankend, weil sie durch die Bewegung des Feuers" (beim Erhitzen) „gestört wird. Selbst in der kürzesten Zeit, wo diese Feuerwirksamkeit durch Kälte" (beim Abschrecken) „gehemmt wird, können sich nur so viele von diesen Gängen nach Süden und nach Norden wenden, als geriseste Teilchen zu dieser Zeit von den Polen der Erde kommen und sich da einen Weg durch sie suchen. Da nun diese geriseften Teilchen an Menge den sämtlichen Gängen des Eisens nicht gleichkommen, so erlangt wohl jedes Eisen durch seine Lage eine gewisse magnetische Kraft, die es in bezug auf die Pole der Erde hat, als es von seiner letzten Erhitzung auskühlte, oder in der es lange unbeweglich sich befunden hat; allein nach der Menge seiner Gänge könnte es noch viel mehr enthalten."

Das Magnetfeld der Erde erklärt Descartes mit der in Abbildung 123 wiedergegebenen Zeichnung folgendermaßen:

„A IST DER SÜDPOL UND B DER NORDPOL.
DIE VOM SÜDLICHEN HIMMEL E KOMMENDEN
GERIEFTEN TEILCHEN SIND IN ANDERER WEISE GEWUNDEN
ALS DIE VOM NORDEN UND F KOMMENDEN,
DESHALB KANN KEINES IN DIE GÄNGE DES ANDEREN
EINTRETEN.
DIE SÜDLICHEN GEHEN VON A GERADE NACH B
DURCH DIE MITTE DER ERDE UND
KEHREN DANN DURCH DIE SIE UMFLIESSENDE LUFT
VON B NACH A ZURÜCK;
GLEICHZEITIG GEHEN DIE NÖRDLICHEN VON B NACH A
DURCH DIE ERDE UND KEHREN DURCH DIE LUFT
NACH B ZURÜCK."

„Wenn diese gerieften Teilchen einen Magneten treffen, so werden sie unzweifelhaft, wenn sie in ihm Gänge treffen, die ihrer Gestalt entsprechen, und die so wie die Gänge der Erde gestellt sind, viel eher durch den Magneten gehen als durch die Luft der äußeren Erde, wenigstens wenn der Magnet so liegt, daß die Öffnungen seiner Gänge nach den Orten der Erde gerichtet sind, wo die gerieften Teilchen herkommen. Wenn diese Pole des Magneten nicht dahin gerichtet sind, wo die gerieften Teilchen herkommen, so stoßen sie schief auf diese Gänge und treiben ihn mit ihrer Kraft zur Umwendung in die gerade Richtung so lange, bis er in seine natürliche Lage zurückgekehrt ist."

**Abb. 124**  J.B. Biot

## DIE NATURWISSENSCHAFTLICHE ENTWICKLUNG DES RECHTS/LINKS-PHÄNOMENS

1815 entdeckte der französische Chemiker und Physiker Biot (Abb. 124), daß wäßrige Lösungen von Zucker die Ebene des linear polarisierten Lichts drehen, eine Erscheinung, die optische Aktivität genannt wird. Besondere Bedeutung kommt in diesem Zusammenhang dem Jahr 1848 zu, in dem der französische Chemiker Pasteur (Abb. 125) die Rechts- und Linksformen des Natrium-Ammonium-Salzes der Weinsäure trennte.

Um Pasteurs Experiment zu verstehen, muß man den Erkenntnisstand bezüglich der Weinsäure im Jahre 1848 kennen. Die Weinsäure wurde noch im 18. Jahrhundert von dem deutschen Apotheker Carl Scheele entdeckt. Er isolierte sie aus dem Weinstein, der sich als Nebenprodukt der alkoholischen Gärung bildet. Als Naturprodukt enthält diese Weinsäure nur eine Sorte von Molekülen, nämlich die Linksform. Ihre wäßrigen Lösungen drehen die Ebene des linear polarisierten Lichts. Neben dieser natürlichen Links-Weinsäure kannte man noch eine andere Weinsäure, die bei industriellen Prozessen auftrat, wie Gay-Lussac 1820 nachweisen konnte. Diese industrielle Weinsäure, auch Paraweinsäure genannt, enthält die Rechts- und Linksform der Weinsäure zu gleichen Teilen nebeneinander. Wäßrige Lösungen dieser Weinsäure drehen die Ebene des linear polarisierten Lichts nicht. Diese beiden Weinsäureformen, die natürliche Links-Weinsäure und die industrielle Mischung von Rechts- und Links-Weinsäure, waren Pasteur bekannt. Eine weitere Form, die sogenannte meso-Weinsäure, spielt für unsere Überlegungen keine Rolle. Pasteur wußte auch von der Beobachtung des deutschen Kristallographen Mitscherlich, der an Kristallen der natürlichen Links-Weinsäure und der industriellen Paraweinsäure hemiedrische Flä-

**Abb. 125** L. Pasteur

chen festgestellt hatte (Abb. 126), denn er hatte sich intensiv mit Kristallographie beschäftigt, bevor er sein weltberühmtes Experiment durchführte.

Er war also optimal auf die Entdeckung vorbereitet, die er im Jahre 1848 machte. Er stellte eine wäßrige Lösung des Natrium-Ammonium-Salzes industrieller Weinsäure her, die Rechts- und Linksformen zu gleichen Teilen enthielt. Beim langsamen Verdampfen des Wassers bildeten sich relativ große Kristalle, die sich zueinander wie Bild und Spiegelbild verhielten. Dies zu erkennen, war Pasteurs große Leistung. Pasteur sortierte diese Rechts- und Links-Kristalle unter einer Lupe mit einer Pinzette (Enantiomer 1999, 4, 33).

## BIOTS „PEER REVIEWING" VON PASTEURS ENTDECKUNG

Als Pasteur seine bahnbrechende Entdeckung gelang, war er ein junger aufstrebender Forscher. Die anerkannte wissenschaftliche Autorität in Frankreich war damals Biot. Als Biot den Plan faßte, Pasteur zu einem Vortrag vor der französischen Akademie der Wissenschaften einzuladen, wollte er „auf Nummer Sicher" gehen und sich vorher von der Richtigkeit der Pasteurschen Experimente überzeugen. Pasteur sollte dazu seine Versuche in Biots Laboratorium wiederholen. Nicht nur das – er durfte nicht einmal seine eigenen Chemikalien mitbringen, sondern mußte eine Liste mit den benötigten Chemikalien liefern. Biot besorgte die Chemikalien, und Pasteur mußte seine Racemat-

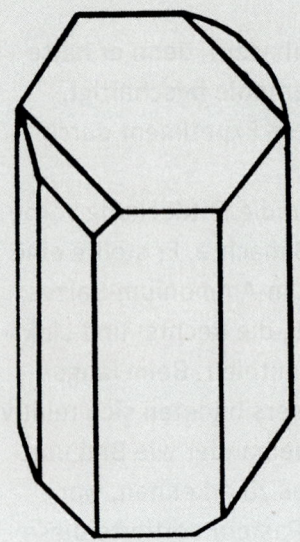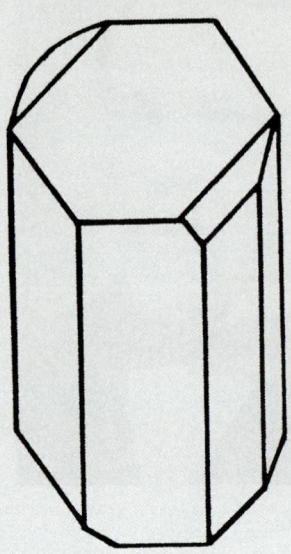

**Abb. 126**  Bild und Spiegelbild der Kristalle Rechts/Links-Natrium-Ammoniumtartrat

spaltung unter Biots Aufsicht durchführen. Nachdem das Salz kristallisiert war, sortierte Pasteur die Kristalle mit Lupe und Pinzette (Abb. 126). Biot war insbesondere an der Rechtsform der Weinsäure interessiert, die bis dahin nicht bekannt gewesen war. Er löste die Rechts-Kristalle in Wasser auf und hielt die Lösung in sein Polarimeter, um die Drehung der Polarisationsebene des linear polarisierten Lichts zu messen. Als er sah, daß die Rechts-Weinsäure entgegengesetzt zur natürlichen Links-Weinsäure drehte, war er sich sofort der Tragweite der Pasteurschen Entdeckung bewußt.

Dabei hatte Pasteur auch eine Portion Glück, denn sowohl bei seinen ersten Versuchen als auch bei der Überprüfung unter Biots Augen war es in Paris nicht besonders heiß. Die Kristallisation des Natrium-Ammonium-Salzes der Weinsäure in auslesbare Rechts/-Links-Kristalle findet nämlich, wie man heute weiß, nur bei Temperaturen unterhalb von

26 °C statt. Oberhalb dieser Temperatur bildet sich das Racemat, in dem die Rechts- und Links-Moleküle im selben Kristall nebeneinander vorliegen. Wäßrige Lösungen dieser Kristalle drehen die Ebene des linear polarisierten Lichts nicht.

Auch heute begutachten Wissenschaftler die Arbeiten ihrer Kollegen, bevor diese veröffentlicht werden – unentgeltlich, versteht sich, sonst wäre der Wissenschaftsbetrieb nicht zu bezahlen. Was Biot mit Pasteur damals gemacht hatte, war Peer reviewing in der schärfstmöglichen Form.

## VAN'T HOFF UND LEBEL

1874 publizierten van't Hoff (Abb. 127) und LeBel (Abb. 128) unabhängig voneinander ihre berühmten Arbeiten, in denen sie für das gesättigte Kohlenstoffatom eine tetraedrische Struktur postulierten. Das asymmetrische Kohlenstoffatom, ein Tetraeder mit vier verschiedenen Ecken, das in Form von Bild und Spiegelbild auftreten kann, fiel ihnen mit diesem Postulat gleichsam als Nebenprodukt in die Hände. Das folgende Zitat von van't Hoff könnte in dieser Form auch in unseren heutigen Lehrbüchern stehen:

„WENN DIE VIER AFFINITÄTEN EINES KOHLENSTOFFATOMS DURCH VIER SICH VONEINANDER UNTERSCHEIDENDE EINWERTIGE GRUPPEN ABGESÄTTIGT SIND, DANN ERGEBEN SICH ZWEI UND NICHT MEHR ALS ZWEI VERSCHIEDENE TETRAEDER, VON DENEN DAS EINE DAS SPIEGELBILD DES ANDEREN IST. SIE KÖNNEN NICHT MITEINANDER ZUR DECKUNG GEBRACHT WERDEN. DAS BEDEUTET, WIR HABEN ES HIER MIT ZWEI IM RAUM ZUEINANDER ISOMEREN STRUKTUREN ZU TUN."

**Abb. 127** J.H. van´t Hoff

Bei der anschließenden Entwicklung der neueren Chemie zeigte sich einerseits, daß die Natur bei händigen Molekülen, die solche asymmetrischen Kohlenstoffatome enthalten, immer nur eine Sorte, entweder die Rechtsform oder die Linksform, verwendet – diese Tatsache haben wir bereits diskutiert. Andererseits stellte sich heraus, daß bei einer ungesteuerten chemischen Synthese immer die Rechts/Links-Formen der Moleküle zu gleichen Teilen nebeneinander entstehen. Mit diesem Fakt müssen wir uns noch auseinandersetzen, sobald wir die Wechselwirkung zweier verschiedener händiger Objekte miteinander kennengelernt haben. Bisher haben wir Rechts- und Linksformen eines händigen Objekts nur jeweils einzeln betrachtet. Bei der Wechselwirkung verschiedener händiger Objekte kommt das Prinzip der Paßt-Kombinationen und der Paßt-nicht-Kombinationen ins Spiel, das zunächst am Beispiel der Hände und Handschuhe behandelt werden soll.

**Abb. 128** J.A. LeBel

**D**ie linke Hand paßt in den linken Handschuh von Abbildung 129 (Paßt-Kombination, rot/rot), aber nicht in den rechten Handschuh (Paßt-nicht-Kombination, rot/grün). Die Chemiker nennen das eine Diastereomeriebeziehung. Im täglichen Leben wird dieser Ausdruck nicht gebraucht. Das Phänomen aber ist so bekannt, daß diese Feststellung eigentlich trivial ist. Nichtsdestoweniger ist sie von ungeahnter Tragweite.

Was für Hände und Handschuhe gilt, gilt auch für Füße und Schuhe. Die dreijährige Enkelin des Autors hat damit noch Schwierigkeiten und versucht, den ersten Schuh, den sie ergriffen hat, häufig am falschen Fuß anzuziehen, bis sie aufgefordert wird, den anderen Fuß zu nehmen. Diese Paßt- und Paßt-nicht-Fälle ergeben sich immer und zwangsläufig, wenn man ein Rechts/Links-Paar mit der rechten oder linken Form eines anderen Paares kombiniert. Fährt man mit der linken Hand versehentlich in einen rechten Handschuh, richtet man damit keinen Schaden an. Versucht man dagegen, mit dem Fuß in einen falschen Schuh zu schlüpfen, so geht das nicht, wenn der Schuh ausgeformt ist und aus festem Material besteht. Versuchte man es mit Gewalt, wäre es eine schmerzhafte Sache. Eine Paßt-nicht-Kombination kann also durchaus etwas Schlimmes, Nachteiliges sein. Über eine katastrophale Paßt-nicht-Kombination soll im Anschluß berichtet werden.

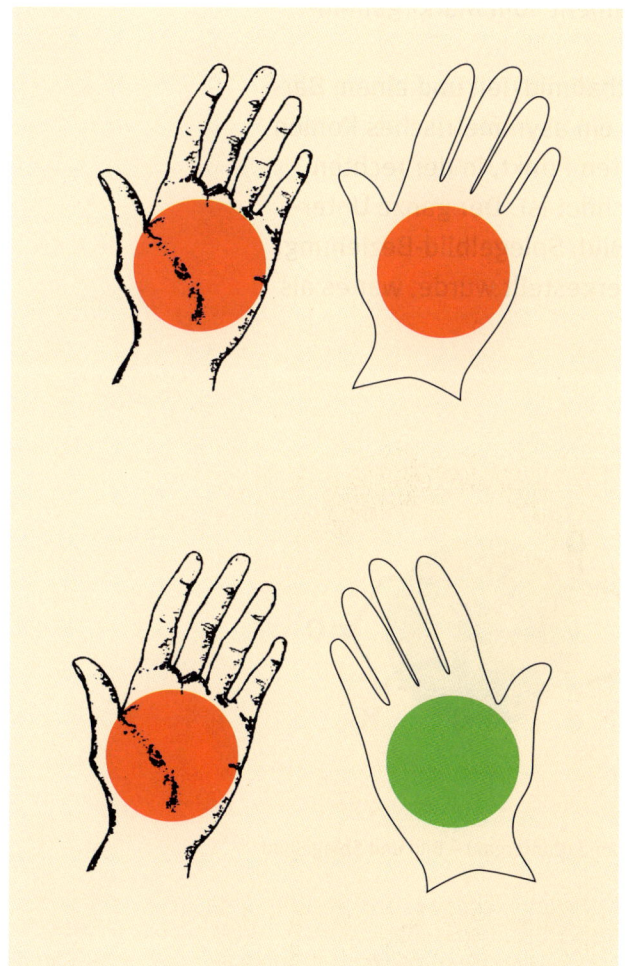

**Abb. 129** Paßt- und Paßt-nicht-Kombination linke Hand – linker/rechter Handschuh

1956 brachte die Firma Grünenthal, Aachen, das Medikament Contergan auf den Markt, das den Wirkstoff Thalidomid enthielt. Das Medikament diente als Schlaf- und Beruhigungsmittel. Da es sich als besonders wirksam gegen die morgendlichen Magenprobleme von Schwangeren erwies, wurde es bevorzugt von Frauen während der Schwangerschaft eingenommen. Die Folgen sind bekannt. Es kam in mehreren tausend Fällen vor allem in Deutschland zu Wachstumsstörungen an den Gliedmaßen ansonsten gesunder Kinder (Phocomelie oder Robbengliedrigkeit). 1961 wurde das Medikament vom Markt genommen.

Das Thalidomid-Molekül (Abb. 130) besteht aus einem Phthalimid-Teil und einem Barbiturat-ähnlichen Teil. Das entscheidende Strukturmerkmal ist ein asymmetrisches Kohlenstoffatom in der Mitte, das in der linken Formel durch einen roten Punkt, in der rechten spiegelbildlichen Formel durch einen grünen Punkt gekennzeichnet ist. Der ganze Unterschied zwischen dem linken und dem rechten Molekül ist die Bild/Spiegelbild-Beziehung. Da Thalidomid in einer ungesteuerten chemischen Synthese hergestellt wurde, war es als 1:1-Gemisch der beiden spiegelbildlichen Formen im Handel.

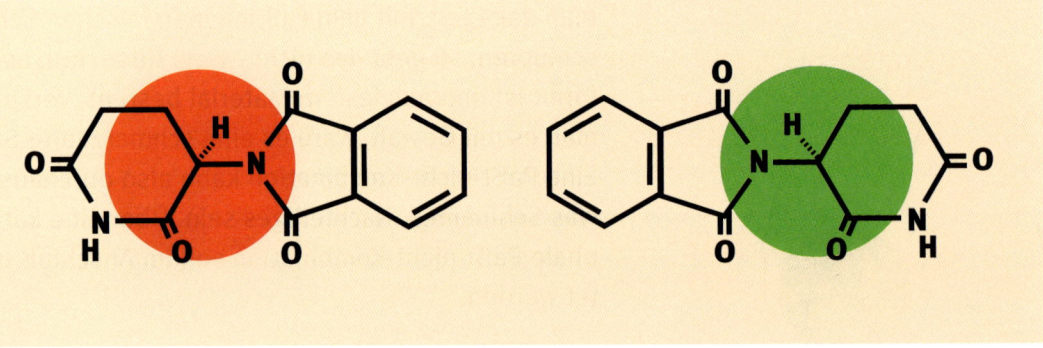

**Abb. 130**    Thalidomid (Contergan) – Bild und Spiegelbild

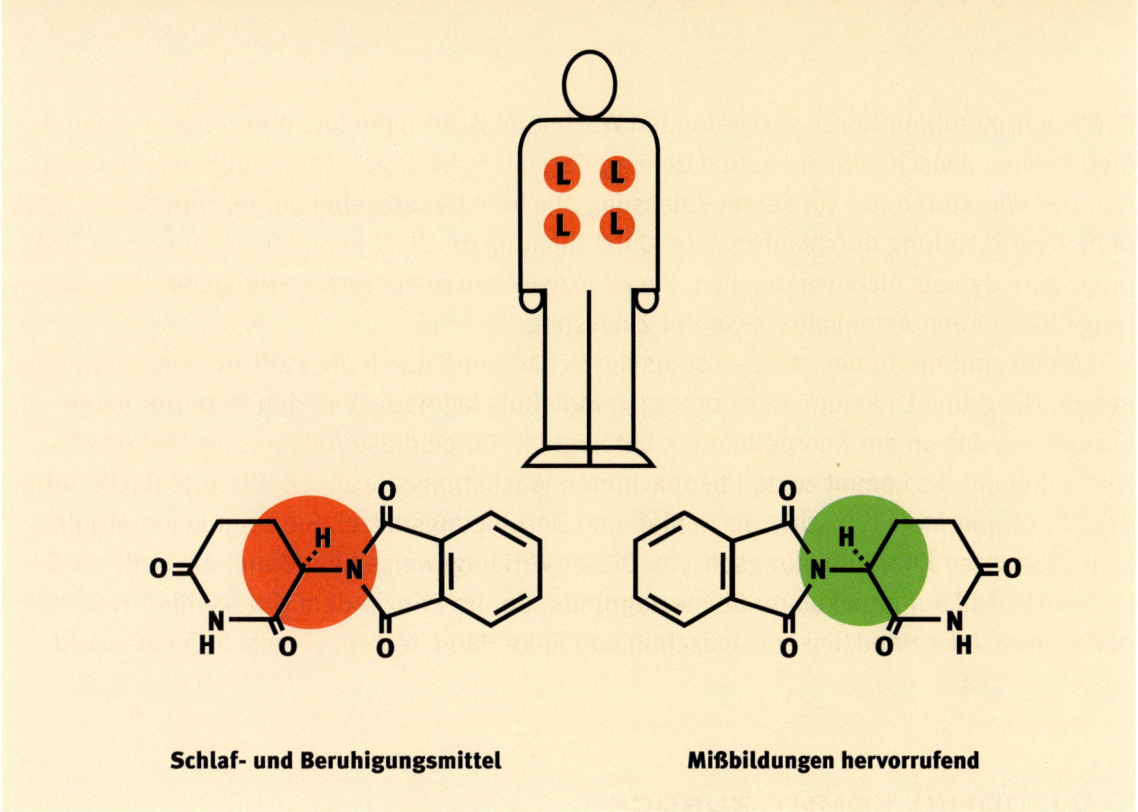

**Schlaf- und Beruhigungsmittel**    **Mißbildungen hervorrufend**

**Abb. 131** Paßt- und Paßt-nicht-Kombination menschlicher Körper – Bild/Spiegelbild Thalidomid

Wir sind bereits mit der Tatsache vertraut, daß die Natur nur eine Sorte händiger Moleküle für ihre Stoffwechselvorgänge benützt. Für die Synthese der Eiweißstoffe sind dies die Links-Aminosäuren. Daher bestehen auch alle Proteine, die der Mensch enthält, aus Links-Aminosäuren, was in Abbildung 131 durch die großen L und die roten Punkte angedeutet wird. Wird ein Rechts/Links-Gemisch von Contergan (rot und grün, darunter) eingenommen, kommt es zu einer Paßt-Kombination (rot/rot) und zu einer Paßt-nicht-Kombination (rot/grün). Die Paßt-Kombination führte zur gewünschten Beruhigung, die

Paßt-nicht-Kombination zu verheerenden Wachstumsstörungen im Fötus, wenn Frauen das Medikament zwischen dem 20. und dem 35. Tag der Schwangerschaft eingenommen hatten. Der Wirkstoff hatte vor seiner Zulassung alle vom Gesetzgeber vorgeschriebenen Tests ohne Beanstandung durchlaufen. Eine Untersuchung der Nachkommenschaft war im Testprogramm damals nicht vorgesehen. Sie ist inzwischen fester Bestandteil jeder Überprüfung eines neuen Arzneimittels vor der Zulassung.

Man kennt heute den Mechanismus der Schädigung durch die Paßt-nicht-Kombination genau. Die grüne Linksform des Contergan-Moleküls lagert sich an den Rezeptor eines Enzyms an, das an der Knorpelbildung beteiligt ist. Durch diese Anlagerung wird das Enzym gehemmt. Es kommt zu den beobachteten Wachstumsstörungen. Die rote Rechtsform des Contergan-Moleküls wirkt als Schlaf- und Beruhigungsmittel. Sie zeigt keine Affinität zum genannten Knorpelbildungsenzym. Dieser Wirkungsweise liegt damit ein Paßt- und Paßt-nicht-Fall auf molekularer Ebene zugrunde, der im Prinzip dem Unterschied zwischen den Paaren linke Hand/linker Handschuh und linke Hand/rechter Handschuh entspricht.

## Thalidomid kommt zurück

Natürlich wurde Contergan vom Markt genommen, als der Zusammenhang zwischen dem Medikament und den Mißbildungen offenkundig wurde. Es zeigte sich aber bei weiteren Untersuchungen, daß Thalidomid nicht nur ein Beruhigungsmittel ist. Es wirkt auch gegen eine Reihe verbreiteter Krankheiten, insbesondere gegen Lepra, aber auch gegen Aids und verschiedene Krebsarten. Berücksichtigt man, daß Thalidomid Schädigungen nur während der Schwangerschaft verursachen kann, dann ist eigentlich gegen einen Einsatz bei Männern und bei Frauen, die nicht im gebärfähigen Alter sind, nichts einzuwenden. Selbstverständlich wird auf dem Beipackzettel insbesondere auf diese Kontraindikation hingewiesen. Trotzdem werden aus Gebieten wie Brasilien, wo Thali-

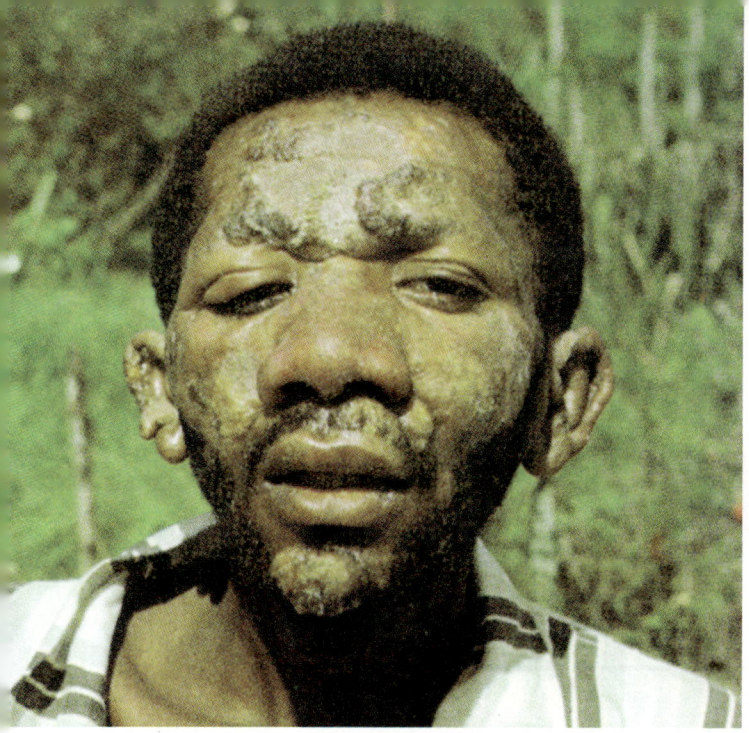

**Abb. 132** Leprakranker

domid neuerdings gegen Lepra (Abb. 132) eingesetzt wird, schon wieder Fälle von Mißbildungen
gemeldet, weil die Kontraindikation nicht beach-
tet wird.

Man könnte fragen, warum man das 1:1-
Gemisch von Rechts-Thalidomid, das die beruhi-
gende Wirkung hat, und Links-Thalidomid, das
die fruchtschädigende Wirkung hat, verwendet
hat und nicht das reine Links-Thalidomid, das nur
die gewünschte Wirkung und nicht die schädliche
Nebenwirkung verursacht. Zur Klärung dieser Frage müssen wir uns zunächst mit der ungesteuerten und der gesteuerten chemischen Synthese in
auch für Nicht-Chemiker verständlicher Form
befassen. Dann kommen wir auf diesen Punkt
zurück.

## DIE UNGESTEUERTE CHEMISCHE SYNTHESE – 1:1-GEMISCHE VON RECHTS

Was bei einer ungesteuerten chemischen Synthese abläuft, ähnelt folgendem
Versuch mit einer Reihe von ausgeschnittenen Buchstaben L. Wir schütten diese Buchstaben aus einer größeren Höhe auf eine Tischplatte, wobei sie sich mehrfach drehen dürfen. Einige der Ls werden dann richtig auf der Tischplatte zu liegen kommen, einige
verkehrt herum in Spiegelschrift. In Abbildung 133 liegen drei richtig (rot markiert) und vier
falsch (grün markiert). Ohne ordnende Information muß bei einem solchen Versuch die

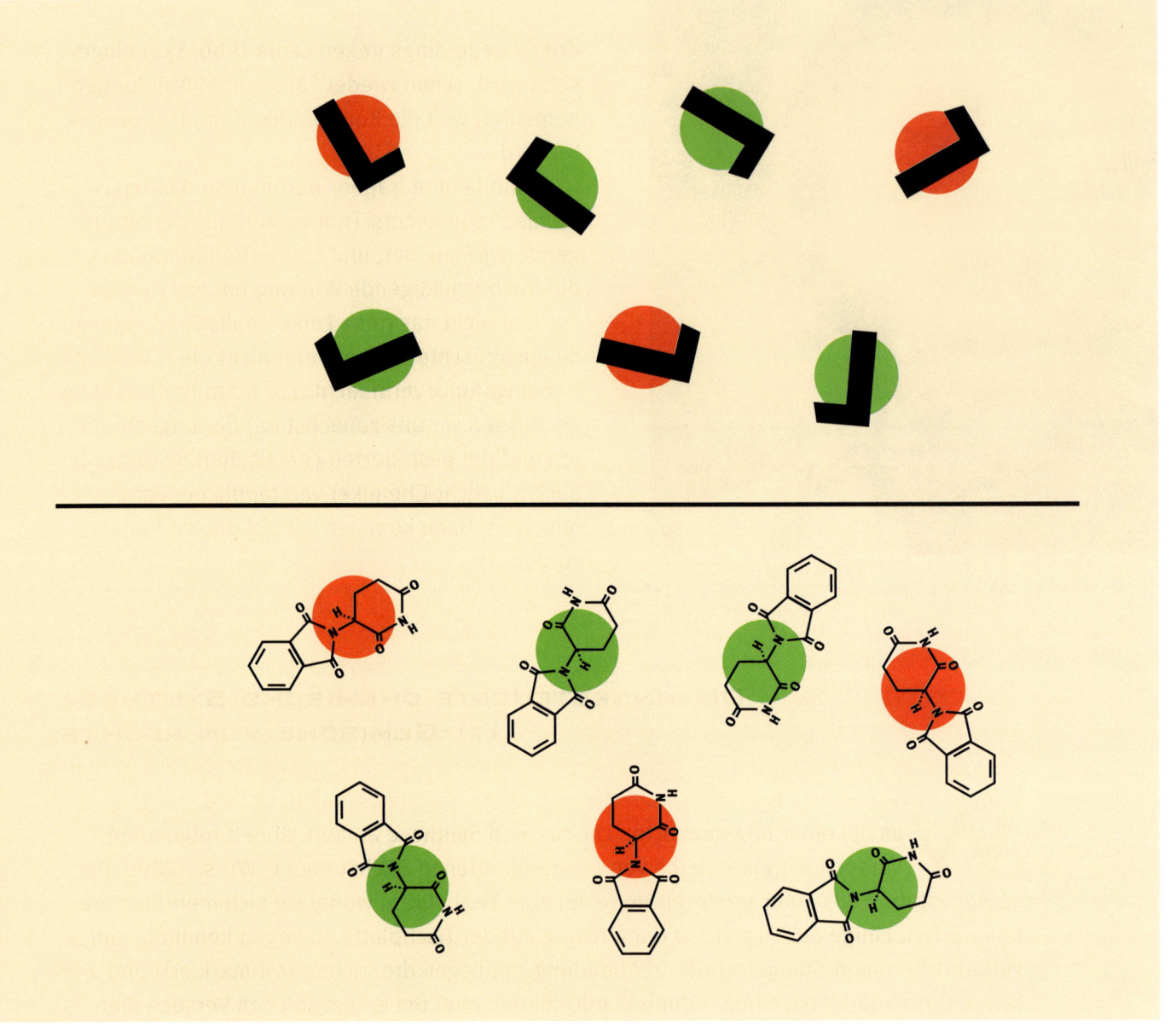

**Abb. 133 und 134**     Ungesteuerte chemische Synthese – L und Thalidomid

Anzahl der richtigen und der falschen Ls gleich groß sein, vorausgesetzt, die Zahl der Ls ist hinreichend groß, denn Bild und Spiegelbild sind ja im Prinzip gleichberechtigt. Genauso verhält es sich bei einer chemischen Synthese, z.B. bei der des Thalidomids (Abb. 134). Die noch nicht nach rechts und links differenzierten Vorstufen ergeben ohne steuernde Information ein 1:1-Gemisch von Bild und Spiegelbild des Moleküls, die mit gleicher Wahrscheinlichkeit entstehen, genauso wie der Buchstabe L, wenn er auf die Tischplatte auftrifft, in Schrift oder Spiegelschrift zu liegen kommen kann.

## DIE GESTEUERTE CHEMISCHE SYNTHESE – ENTWEDER RECHTS ODER LINKS

Führt man bei dem Versuch mit den Buchstaben L eine steuernde Information ein, so ändert sich die Situation. Prüft man z.B. jeden Buchstaben, bevor er auf die Tischplatte fällt, und sorgt man dafür, daß er richtig hinfällt, dann erhält man eine Ansammlung richtig liegender Ls (Abb. 135). Eine ähnliche steuernde Information bei einer chemischen Synthese würde dafür sorgen, daß nur Moleküle einer Sorte entstehen. Die Bildung der spiegelbildlichen Teilchen würde verhindert. Bei einer gesteuerten Thalidomid-Synthese käme es zu einem Ergebnis, wie es in Abbildung 136 dargestellt ist.

Wie schaffen es die Chemiker, die Synthese händiger Moleküle so zu steuern, daß nicht beide Formen nebeneinander entstehen, sondern nur die gewünschte – entweder die Rechts- oder die Linksform? Ohne allzu tief in die Chemie einzudringen, wollen wir dazu nochmals auf das System Hand/Handschuh zurückgreifen. Gegeben sei in Abbildung 137 links oben eine linke Hand aus Holz. Diese Hand soll als Matrize für die Anfertigung von Handschuhen aus Stoffbahnen dienen, die noch nicht nach rechts oder links differenziert

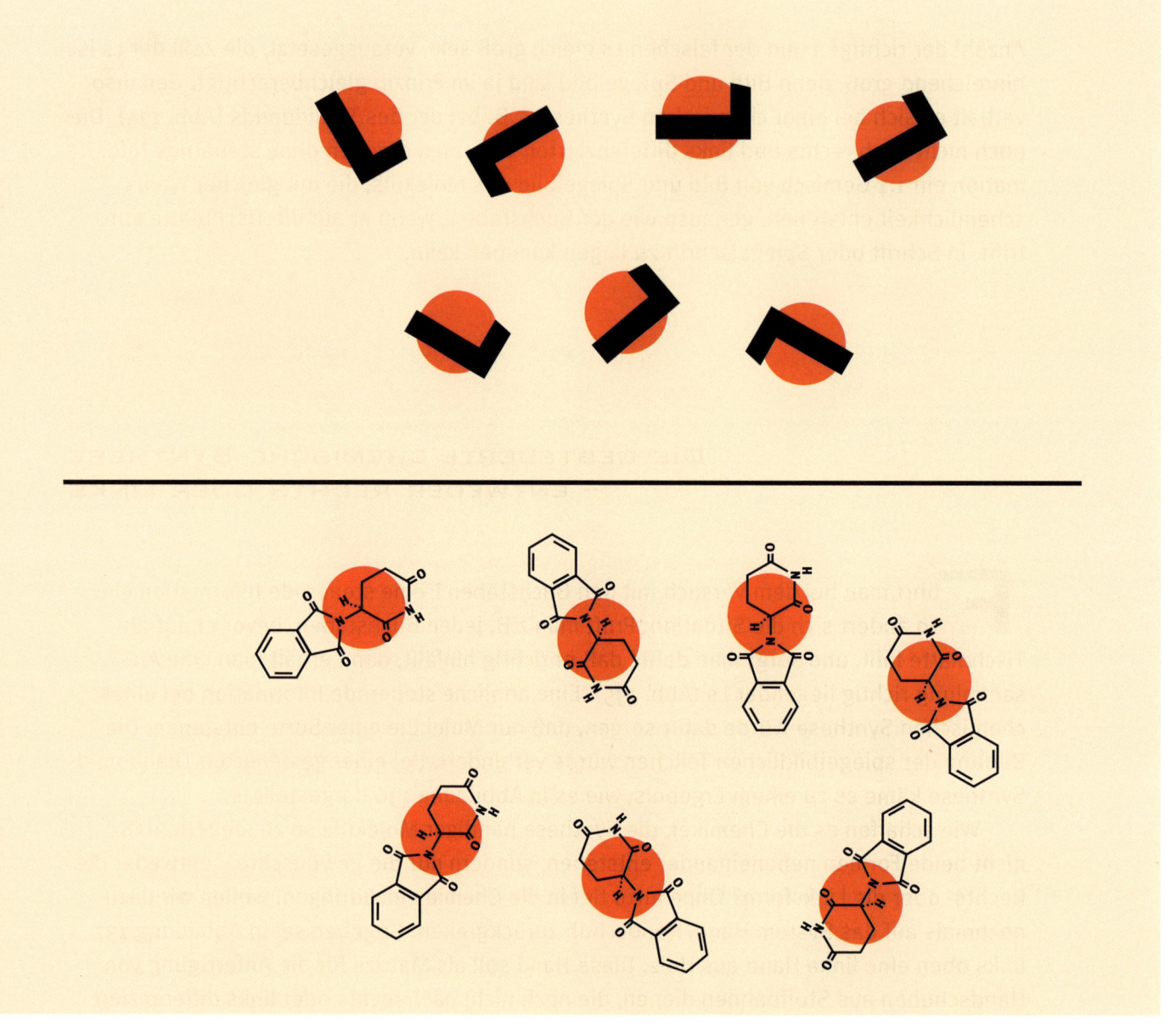

**Abb. 135 und 136**   Händig gesteuerte chemische Synthese – L und Thalidomid

sind (Abb. 137). Man legt den Stoff um die Holzhand, schneidet ihn zu und näht ihn zusammen. Dabei entsteht, wenn die Vorlage eine linke Hand war, ein linker Handschuh. Man kann ihn vom Modell abziehen und den Vorgang wiederholen. Es entsteht wieder ein linker Handschuh und so fort. Man kann auf diese Weise an der Matrize „linke Hand" hundert und tausend und zehntausend linke Handschuhe produzieren. Die in der linken Holzhand steckende steuernde Information sorgt dafür, daß kein falscher rechter Handschuh entsteht.

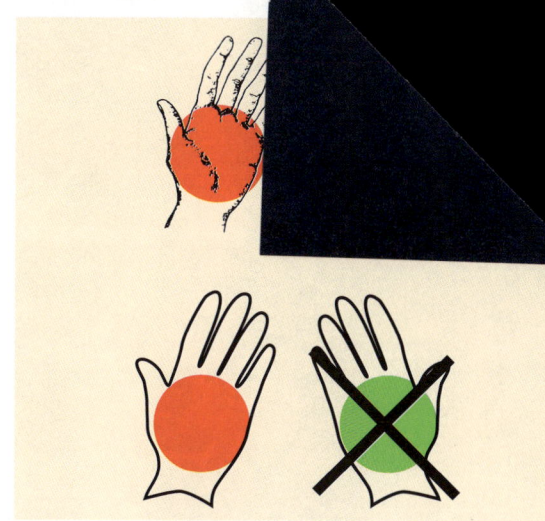

**Abb. 137**   Produktion linker Handschuhe an der Matrize linke Hand

# ENZYME UND CHEMISCHE KATALYSATOREN

In der Chemie wird ein Stoff, der wie die linke Holzhand in Abbildung 137 wirkt, als stereoselektiver Katalysator bezeichnet. Bei dem während der Katalyse ablaufenden Vorgang wird die im Katalysator steckende Information im entstehenden Produkt vervielfältigt. Dieser Multiplikationseffekt macht die Eleganz und die Effizienz einer chemischen Katalyse aus. Mit Katalysatoren, die die Information „rechts" oder „links" enthalten, kön-

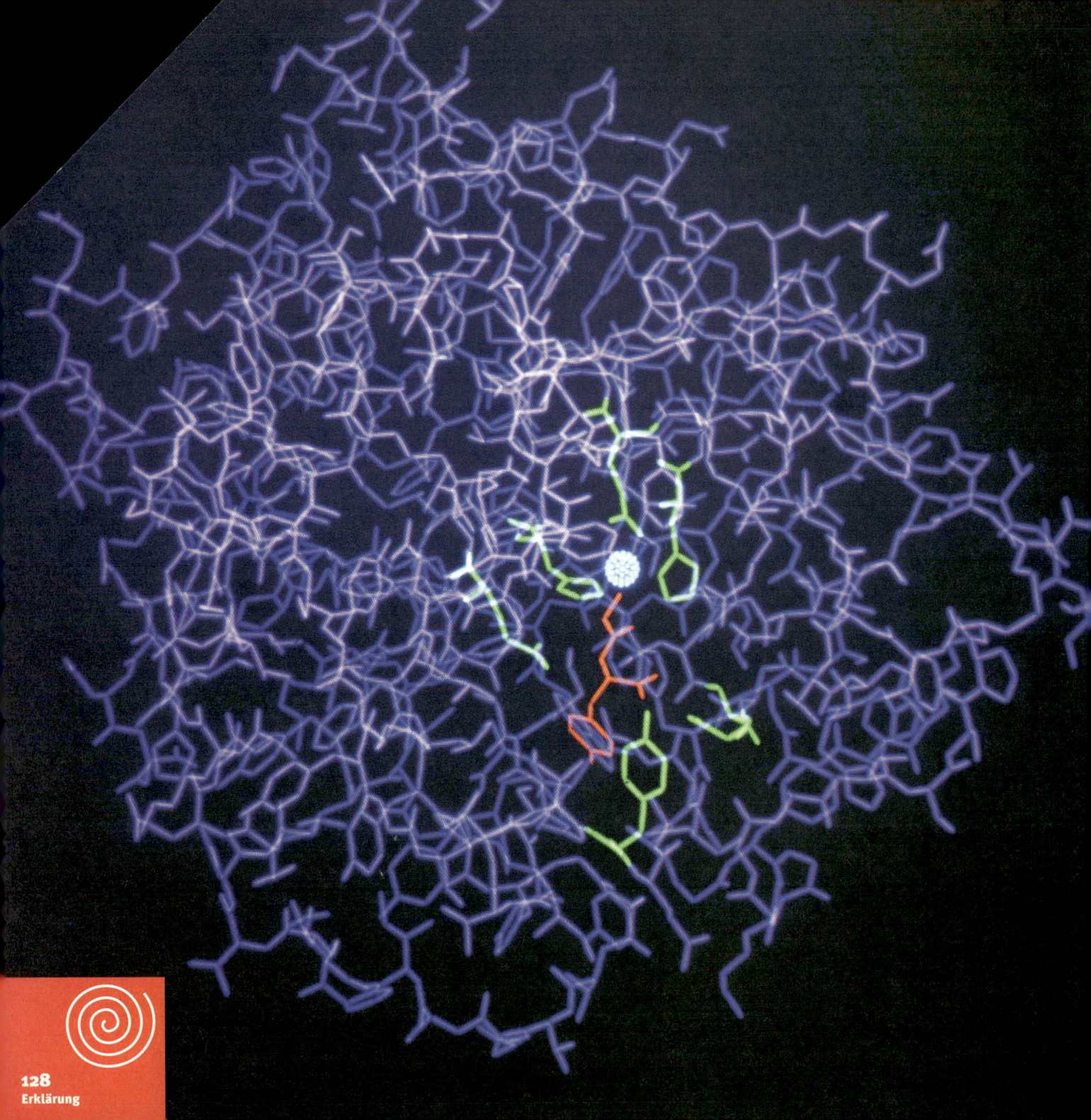

nen die Chemiker also Synthesen so steuern, daß ausschließlich oder bevorzugt die Rechtsformen oder Linksformen von gewünschten Molekülen, z.B. Arzneimitteln, entstehen.

Nach dem gleichen Prinzip arbeitet die Natur seit jeher mit ihren Biokatalysatoren, den Enzymen. Enzyme sind Eiweißstoffe, die im wesentlichen aus Links-Aminosäuren bestehen. Das Modell in Abbildung 138 gibt einen Eindruck von der Komplexität eines solchen Biokatalysators, an dessen reaktivem Zentrum eine bestimmte Stoffwechselreaktion abläuft. Ein solches Enzym arbeitet wie die Holzhand in Abbildung 137. Die Substrate nähern sich dem reaktiven Zentrum, werden dort zu den Produkten umgesetzt und entfernen sich dann wieder vom Enzym, so daß sich der Vorgang wiederholen kann. Dies kann außerordentlich schnell erfolgen, beispielsweise 100.000mal pro Minute. Das Gerüst der die Enzyme aufbauenden Links-Aminosäuren enthält die händige Information, die dafür sorgt, daß die in der Stoffwechselreaktion gebildeten Produkte die richtige Händigkeit bekommen. Der Ausdruck „händige Information" ist im Zusammenhang mit der linken Holzhand in Abbildung 137 besonders anschaulich: Rechte Handschuhe entstünden nur, wenn man eine Matrize mit der dazu spiegelbildlichen Information, also eine rechte Holzhand, nähme.

Mit der geschilderten Technik ist es im Prinzip möglich, die richtige händige Form von Thalidomid herzustellen. Besteht die Lösung des Contergan-Problems also darin, daß Schwangere das reine Rechts-Thalidomid einnehmen? Bei vielen anderen Medikamenten wäre das so, wie noch zur Sprache kommen wird, nicht jedoch bei Thalidomid. Hier kommt ein Spezifikum hinzu, das bei anderen Medikamenten nicht auftritt: Die Rechts/Links-Formen des Thalidomids wandeln sich im Körper langsam ineinander um. Auch bei Einnahme der reinen Rechtsform würde sich daher im Körper nach einiger Zeit die gefährliche Linksform anreichern. An den oben aufgeführten Kontraindikationen führt demnach kein Weg vorbei.

**Abb. 138**  Enzym (Biokatalysator)

# DER AMINOSÄURE-COCKTAIL FÜR REKONVALESZENTEN

Nach einer Operation bekommen Patienten häufig die Infusion eines Aminosäure-Cocktails, der ihnen bei der Genesung helfen soll. Er besteht aus einer Reihe physiologisch wichtiger Aminosäuren, die alle in der Linksform vorliegen. Dazu gehört auch die Aminosäure Links-Alanin, die wir schon kennengelernt haben (Abb. 139). Stellte man diese Aminosäuren in ungesteuerten chemischen Synthesen her, so entstünden je-

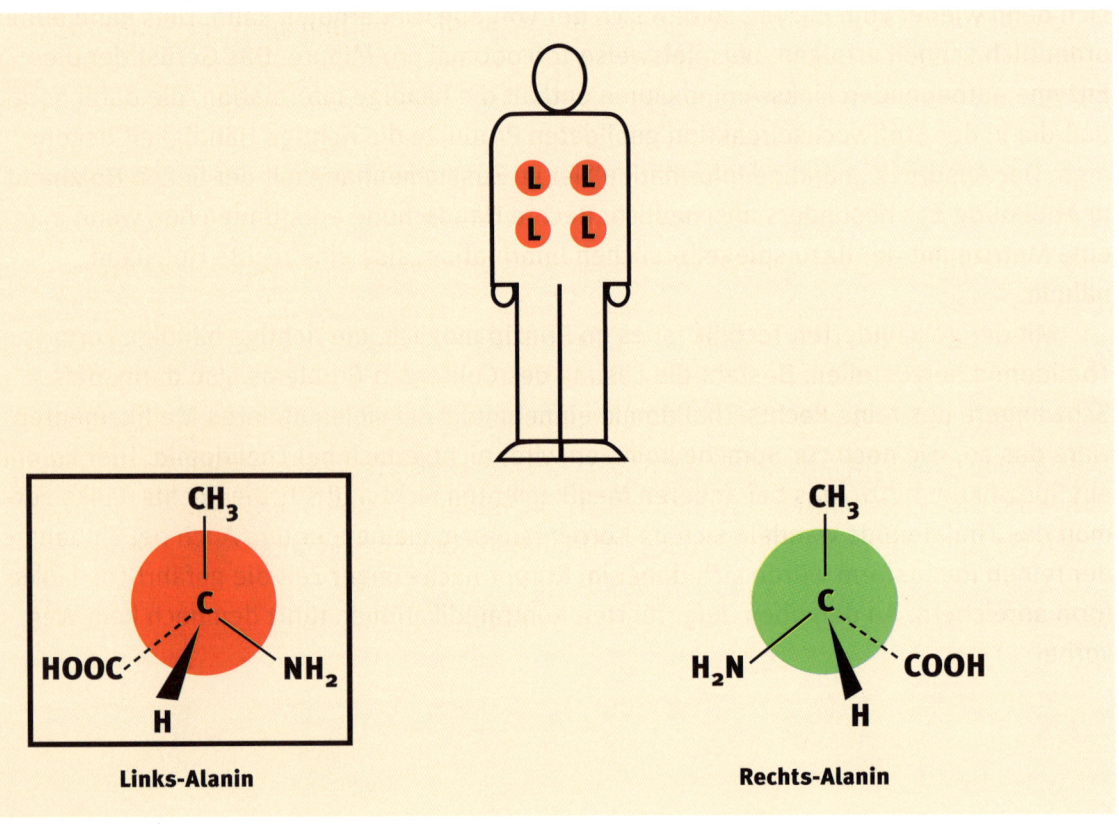

**Links-Alanin**

**Rechts-Alanin**

**Abb. 139**    Paßt- und Paßt-nicht-Kombination menschlicher Körper – Links-Alanin/Rechts-Alanin

weils 1:1-Gemische der richtigen Links-Aminosäuren und der falschen Rechts-Aminosäuren. „Richtig" und „falsch" stehen dabei für die physiologische Verwertbarkeit, denn Links-Aminosäuren gehen in den Stoffwechsel ein, während Rechts-Aminosäuren im Stoffwechsel nicht verwertet werden können. Sie müßten nach der Infusion mit dem Blut transportiert und schließlich durch die Nieren ausgeschieden werden, wodurch der Patient nutzlos belastet würde. Man erspart ihm das und gibt ihm mit dem Aminosäure-Cocktail nur die Linksformen, die er zur Rekonvaleszenz braucht. Chemisch wären sie mit einer händig gesteuerten Synthese herzustellen. Die Alternative besteht darin, sie aus einem Naturprodukt, aus Eiweißhydrolysaten, zu gewinnen, denn in natürlichem Eiweiß sind ja auch nur Links-Aminosäuren enthalten. In diesem Fall ist die Isolierung aus dem Naturprodukt sogar die wirtschaftlichere Alternative.

## RECHTS- UND LINKSFORMEN BEI ARZNEIMITTELN

Wir haben die Rechts/Links-Problematik bis jetzt bei zwei Medikamenten, dem Contergan und dem Aminosäure-Cocktail, kennengelernt. Sie ist aber viel allgemeiner. Bei zahlreichen Medikamenten sind die molekularen Bestandteile händig. Das sieht man den Arzneimitteln von außen nicht an, die Rezeptoren in unserem Körper, an denen die Bild/Spiegelbild-Moleküle händiger Medikamente angreifen, „sehen" es aber sehr wohl. Da unsere Rezeptoren nur aus einer Molekülsorte aufgebaut sind, erkennen sie die Rechts/Links-Formen von Arzneimitteln als unterschiedlich: Es kommt zur Ausbildung von Paßt- und Paßt-nicht-Kombinationen.

Die Paßt-Kombination löst die gewünschte Wirkung aus. Die Paßt-nicht-Kombination kann völlig andere Wirkungen zur Folge haben. In einer großen Anzahl von Fällen ist die zur aktiven Form spiegelbildliche Form weniger wirksam. Um eine gewünschte Wirkung herbeizuführen, muß man von einem 1:1-Gemisch daher eine größere Menge verabreichen, als wenn man die eigentlich wirksame Form rein einsetzen würde. Das Spiegelbild zur wirksamen Form kann auch unwirksam sein. Dann ist es nur Ballast, der mit aufgenommen wird, transportiert, metabolisiert und ausgeschieden werden muß, ohne daß ein Nutzen damit verbunden ist. Wer nimmt schon gern ein Gramm eines Medikaments, wenn er weiß, daß nur ein halbes Gramm davon die gewünschte Wirkung hat und die zweite Hälfte lediglich Ballast ist, der eventuell sogar ein gewisses Risiko darstellt, denn wie körperfremde Substanzen langfristig wirken, ist oft nicht in allen Einzelheiten bekannt. In manchen Fällen erweist sich das Spiegelbild zur wirksamen Form auch als toxisch. Mit dem Contergan haben wir ein fürchterliches Beispiel dieser Art kennengelernt. Es gibt auch Fäl-

### PASST- UND PASST-NICHT-KOMBINATIONEN MEDIKAMENT/KÖRPER

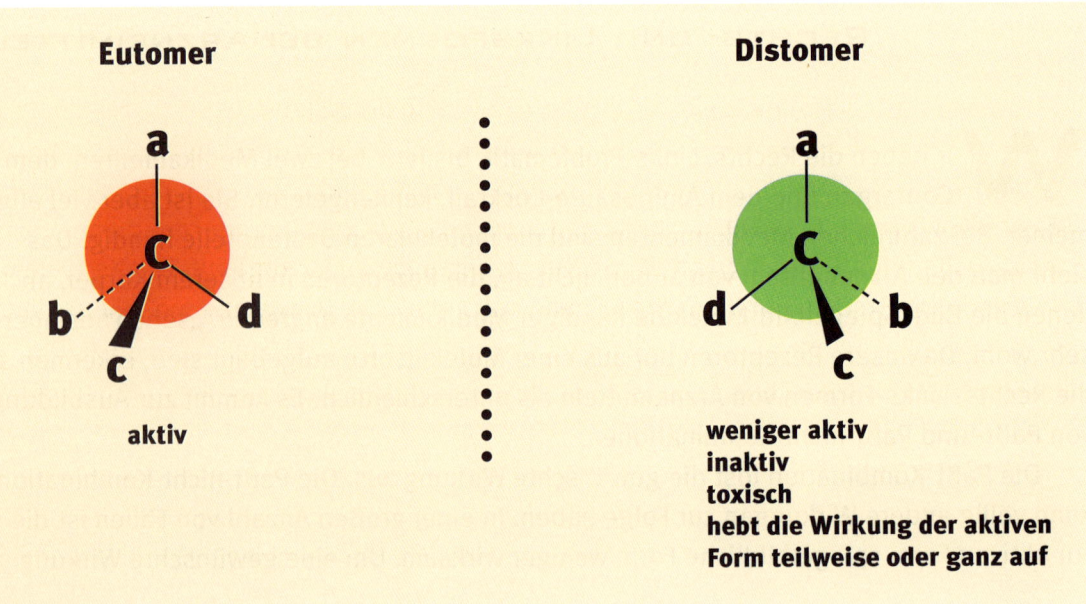

**Eutomer**

a

c

b          d

c

aktiv

**Distomer**

a

c

d          b

c

weniger aktiv
inaktiv
toxisch
hebt die Wirkung der aktiven
Form teilweise oder ganz auf

**Abb. 140** Eutomer und Distomer bei Arzneimitteln

le, in denen das Spiegelbild eines Medikaments die Wirkung der aktiven Form ganz oder teilweise wieder aufhebt. Führt man dem Körper also ein Medikament als Bild/Spiegelbild-Gemisch zu, so können neben der gewünschten Paßt-Kombination mit der einen Molekülsorte verschiedenste Paßt-nicht-Kombinationen entstehen (Abb. 140), deren Wirkung bestenfalls gleich Null, schlimmstenfalls verheerend sein kann. Dabei stehen in Abbildung 140 stellvertretend für die Rechts/Links-Moleküle der Medikamente die zueinander spiegelbildlichen, vierfach verschieden substituierten Tetraeder, die die Händigkeit bedingen.

Die Pharmazeuten haben zur Beschreibung dieser Situation zwei neue Begriffe geprägt – Eutomer für die gewünschte Molekülform mit der beabsichtigten Wirkung und Distomer für ihr problematisches Spiegelbild. Es ist klar, daß man, seitdem man diese Zusammenhänge erkannt hat, versucht, durch gezielte chemische Synthesen nur die richtige Molekülform bereitzustellen. Diese Tendenz hat sich in letzter Zeit noch verstärkt. Alle Firmen, die neue Wirkstoffe entwickeln, prüfen diesen zentralen Aspekt und versuchen heute gleich, die Zulassung für die richtige Molekülform zu erhalten.

## BILD UND SPIEGELBILD BEI ARZNEIMITTELN – EUTOMER UND DISTOMER

Diese Zulassung umfaßt einen Prozeß, der etwa 10 bis 12 Jahre dauert und 300 bis 400 Millionen DM kostet. Er beginnt mit der Ausarbeitung der chemischen Synthese zunächst im Labormaßstab, dann im technischen Maßstab, der Reinheitskontrolle und der zugehörigen Analytik. Es schließen sich pharmakologische Tests wie Zellkulturexperimente an. Tierversuche folgen, deren Ausmaß vom Gesetzgeber genauso vorgeschrieben ist wie die verschiedenen Stadien der klinischen Studien, die alle ohne Beanstandungen durchlaufen werden müssen, bevor die Zulassung erteilt wird. Dieser aufwendige und kostspielige Prozeß garantiert die größtmögliche Sicherheit des zugelassenen Arzneimittels. Nach der Zulassung darf das Medikament nicht mehr verändert werden.

Es gibt knapp 2.000 Wirkstoffe, die in den unterschiedlichsten Formulierungen und Kombinationen unter verschiedenen Namen als Medikamente im Handel sind. Eine Statistik aus dem Jahr 1993 geht von 1.850 Wirkstoffen aus, von denen 523 halbsynthetisch und 1.327 synthetisch sind.

Die halbsynthetischen Wirkstoffe leiten sich in der Regel von Naturprodukten ab, die abgeändert wurden, um sie den speziellen Erfordernissen anzupassen. Von den 523 Halbsynthetika bestehen 517 aus händigen Molekülen. In nur sechs Fällen zeigen die Moleküle das Rechts/Links-Phänomen nicht. Die 517 händigen Präparate zerfallen in 509, die nur eine händige Form enthalten, acht bestehen aus Bild und Spiegelbild im Verhältnis 1:1 (Abb. 141).

**Heute werden reine Luft, reines Wasser und reine Nahrungsmittel gefordert. Morgen werden auch reine Arzneimittel verlangt werden.**

Bei diesen halbsynthetischen Produkten, die der Natur entstammen, stellt sich daher das Händigkeitsproblem (fast) nicht: In 509 Fällen wird dem Körper nur eine händige Form zugeführt, die andere ist nur bei acht Präparaten dabei. Der Grund dafür ist klar – die Natur arbeitet in der Regel nur mit einer Molekülsorte, und ausschließlich diese geht in die halbsynthetischen Medikamente ein.

Anders sieht es bei den rein synthetischen Wirkstoffen aus (Abb. 141). Ihre Anzahl belief sich 1993 auf 1.327, von denen 799 aus nicht-händigen Molekülen und 528 aus händigen Molekülen aufgebaut waren. Von den 528 Wirkstoffen, die aus Rechts/Links-Molekülen bestehen, wurden 1993 in unseren Apotheken nur 61 händig rein angeboten. 467 wurden racemisch, also als 1:1-Gemisch der Bild/Spiegelbild-Formen, verkauft. Fast 90 Prozent

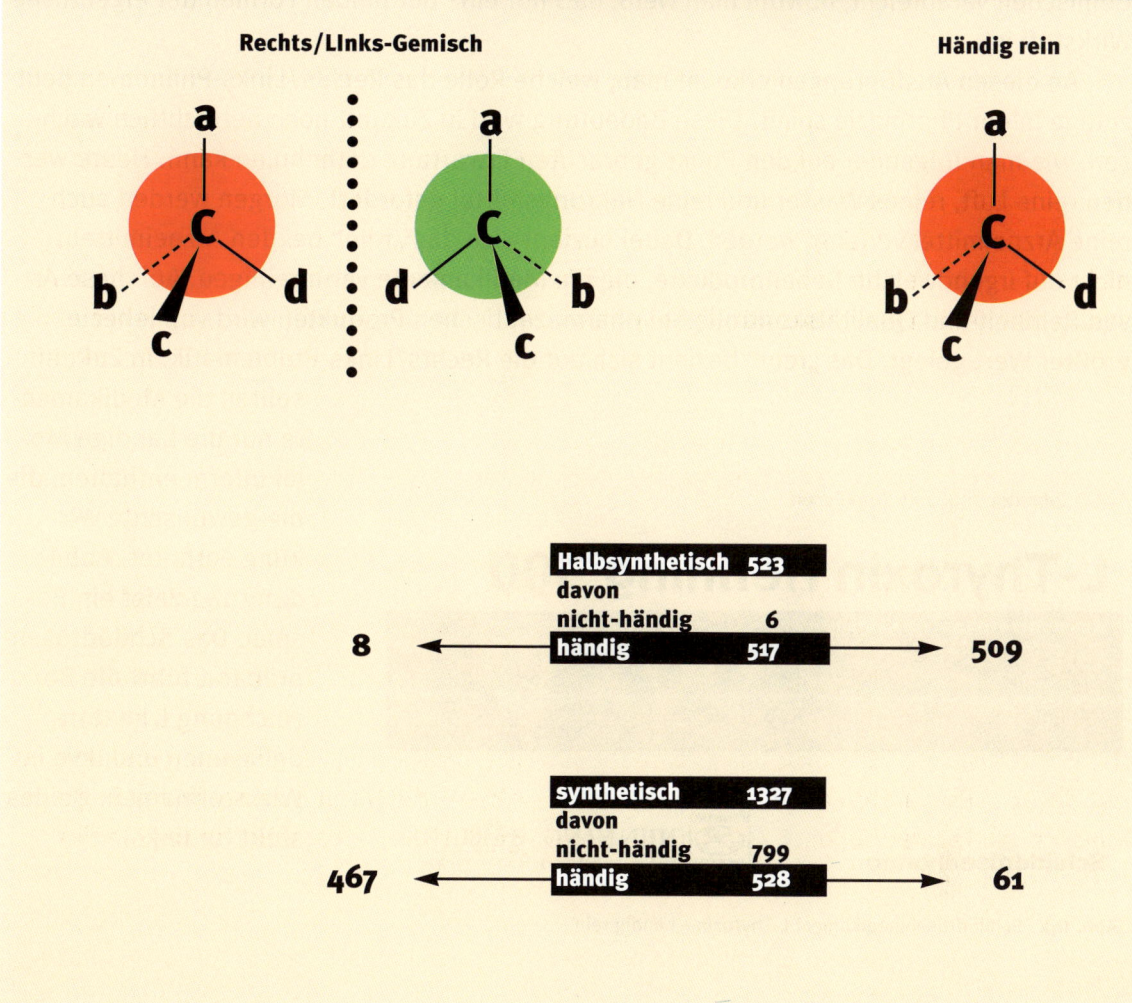

**Rechts/LInks-Gemisch**

**Händig rein**

| Halbsynthetisch | 523 |
|---|---|
| davon | |
| nicht-händig | 6 |
| händig | 517 |

8 ← | → 509

| synthetisch | 1327 |
|---|---|
| davon | |
| nicht-händig | 799 |
| händig | 528 |

467 ← | → 61

**Abb. 141**  Rechts/Links-Situation bei den Arzneimittel-Wirkstoffen

der händigen Synthetika werden demnach auch heute noch in Form von Rechts/Links-Gemischen verabreicht, obwohl man weiß, daß nur eine der beiden Formen der eigentliche Wirkstoff ist.

An diesen Ausführungen erkennt man, welche Rolle das Rechts/Links-Phänomen heutzutage in der Pharmazie spielt. Diese Bedeutung wird in Zukunft noch beträchtlich wachsen, wie man folgender auf den Punkt gebrachten Erwartung entnehmen kann: Heute werden reine Luft, reines Wasser und reine Nahrungsmittel gefordert. Morgen werden auch reine Arzneimittel verlangt werden. Dabei bezieht sich das „rein" bei den Arzneimitteln nicht auf irgendwelche Nebenprodukte, die die Medikamente verunreinigen. Auf diese Art von Reinheit und Qualitätskontrolle bei pharmazeutischen Produkten wird von jeher größter Wert gelegt. Das „rein" bezieht sich auf die Rechts/Links-Problematik. In Zukunft sollten die Medikamente nur die händige Molekülform enthalten, die die gewünschte Wirkung entfaltet. Abbildung 142 zeigt ein Beispiel. Das Schilddrüsenpräparat führt die Bezeichnung L im Handelsnamen und levo im Wirkstoffnamen. Beides steht für links.

**Abb. 142**  Schilddrüsenmedikament L-Thyroxin – händig rein

## „RACEMIC SWITCH" – ÜBERGANG VON RECHTS/LINKS-GEMISCHEN ZU DEN REINEN HÄNDIGEN FORMEN

Früher, als die Zusammenhänge zwischen dem menschlichen Körper und der Händigkeit von Arzneimitteln in Paßt- und Paßt-nicht-Kombinationen noch nicht bekannt waren, wurden die Arzneimittel in der Regel durch ungesteuerte chemische Synthesen produziert, bei denen händige Moleküle in beiden Formen, Rechtsform und Linksform nebeneinander, entstanden. Dazu gehörte auch das Contergan in den fünfziger Jahren. In dieser Form wurden die Medikamente zugelassen. Auch wenn man heute weiß, daß nur eine der beiden Bild/Spiegelbild-Formen die eigentlich wirksame Komponente ist, darf man nicht einfach das zugelassene 50:50-Gemisch von Bild und Spiegelbild durch das bessere Medikament, das nur die wirksame Form enthält, ersetzen. Das ginge nur über eine Neuzulassung, und

### „RACEMIC SWITCH" – VERKÜRZTES ZULASSUNGSVERFAHREN

die würde wiederum 10 bis 12 Jahre dauern und 300 bis 400 Millionen DM kosten. Deshalb wird in den USA, wo der FDA (National Food and Drug Administration) eine weltweit führende Vorreiterrolle zukommt, derzeit versucht, ein verkürztes Zulassungsverfahren für den Übergang von den 50:50-Bild/Spiegelbild-Mischungen zu den händig reinen Formen einzuführen, ein Ansatz, der „racemic switch" genannt wird.

Dieser „racemic switch" soll nur 3 bis 4 Jahre in Anspruch nehmen und lediglich 4 bis 5 Millonen DM kosten. Schließlich war die wirksame händige Molekülform des neuen Medikaments im bereits zugelassenen Bild/Spiegelbild-Gemisch bereits zu 50 Prozent enthalten und hat alle vorgeschriebenen Tests ohne Beanstandung durchlaufen. Man versucht den Firmen dieses verkürzte Zulassungsverfahren auch dadurch schmackhaft zu machen, daß man ihnen nach der Zulassung des neuen Medikaments eine Verlängerung des Patentschutzes in Aussicht stellt.

**W**as für die Wechselwirkung des menschlichen und tierischen Körpers mit den Rechts/Links-Formen eines Medikaments gilt, trifft ganz allgemein auf die Beziehung eines biologischen Systems zu einer Substanz zu, die aus Rechts- und Links-Molekülen aufgebaut ist. Es kommt immer zu Paßt- und Paßt-nicht-Kombinationen.

Besteht ein Insektizid, das im Pflanzenschutz gegen ein Insekt eingesetzt wird, das die Felder kahlfrißt, aus Rechts/Links-Formen, dann ist in der Regel genau wie bei einem Arzneimittel eine Molekülform optimal wirksam, die spiegelbildliche Molekülform kann

### RECHTS UND LINKS IM PFLANZENSCHUTZ UND IN DER SCHÄDLINGSBEKÄMPFUNG

schwächer wirksam oder ganz unwirksam sein. Stellt man das Insektizid durch eine gesteuerte chemische Synthese in der richtigen Händigkeit her, so halbiert sich im letzteren Fall die Umweltbelastung bei gleicher Wirksamkeit. Es ist offensichtlich, welche Bedeutung dieser Aspekt heute im Gartenbau und in der Land- und Forstwirtschaft hat.

Dies gilt genauso für die Bekämpfung von Pilzen durch Fungizide und von Unkräutern durch Herbizide. Auch Pilze und Unkräuter bestehen als Naturprodukte nur aus Molekülen einer Händigkeit. Sie wechselwirken daher mit Rechts/Links-Stoffen, die schädigend in ihren Metabolismen eingreifen, genauso wie ein Rechts/Links-Medikament mit dem menschlichen Körper in Paßt- und Paßt-nicht-Kombinationen.

Schaben (Abb. 143) sind Schädlinge, die unseren Planeten seit Urzeiten bewohnen. Wenn sie in größeren Mengen auftreten – und sie sind äußerst fruchtbar – muß man gegen sie vorgehen, denn sie verschmutzen Lebensmittel, übertragen Krankheiten und lösen Allergien aus. Zu ihrer Bekämpfung bedient man sich der Pyrethroide, deren Entwicklung auf eine

alte Beobachtung zurückgeht. Es ist lange bekannt, daß Insekten die Blüten von Chrysanthemen (Abb. 144) meiden. Der Grund dafür ist, daß die in den Blüten enthaltene Chrysanthemumsäure als Betäubungsgift für Kerbtiere wirkt. Die Pyrethroide sind Weiterentwicklungen des Naturstoffs Chrysanthemumsäure. Diese Substanzen haben sogar zwei Rechts/Links-Zentren. Bei Einsatz der richtigen Form, durch eine gesteuerte chemische Synthese gebildet, läßt sich hier eine noch größere Substanzeinsparung erreichen als bei Einsatz der Gemische mit vier unterschiedlichen Molekülsorten, die bei einer ungesteuerten chemischen Synthese anfallen würden. Der Kammerjäger, der häufig in geschlossenen Räumen arbeitet, wird dadurch nicht unnötig mit unphysiologischen Chemikalien belastet, auch wenn sie für den Menschen unbedenklich sind.

**Abb. 143 und 144**  Schaben und ihre Bekämpfung durch Wirkstoffe auf der Basis von Chrysanthemumsäure

**B**ei Zusätzen zum Tierfutter handelt es sich um Mengen, die weltweit im Bereich von Hunderttausenden von Jahrestonnen liegen. Mit geeigneten Zusätzen kann man Tierfutter aufwerten. Es ist bekannt, daß sowohl bei der Düngung der Pflanzen als auch bei der Fütterung der Tiere die im Dünger bzw. Futter in geringster Menge vorhandene essentielle Komponente die für Wachstum und Gedeihen limitierende Komponente ist. In der Liebigschen Minimumstonne (Abb. 145), die diesen Zusammenhang veranschaulicht, entspricht der Wasserstand dem Wachstum und die kleinste Daube der Tonne der limitierenden Komponente. An dieser Limitierung ändert sich auch nichts, wenn andere Bestandteile in großem Überschuß vorhanden sind. In dem Maße jedoch, in dem man die Konzentration der limitierenden Komponente erhöht, verbessert sich die Futterverwertung – bis ein anderer Bestandteil zur limitierenden Komponente wird oder die Futterzusammensetzung optimal abgestimmt ist.

Futter auf der Basis von Sojabohnenmehl ist zwar hochwertig; es enthält aber relativ wenig Methionin. Methionin, eine der 20 Aminosäuren, die die Natur nur in der Linksform verwendet, ist die limitierende Komponente. Setzt man Sojafutter Methionin zu, so verbessert sich sein Nährwert beträchtlich. In diesem speziellen Fall kann man tatsächlich das

**Abb. 145**  Liebigsche Minimumstonne

**Abb. 146**  Mais – limitierende Komponente Links-Lysin

Rechts/Links-Gemisch der Aminosäure, das in einer ungesteuerten chemischen Synthese entsteht, dem Futter zusetzen, denn Schweine und Hühner können die unnatürliche Rechtsform des Methionins aus dem Kraftfutter im Körper in die Linksform umwandeln, die in den Stoffwechsel eingeht.

Diese Umwandlung eines Moleküls in sein Spiegelbild im Körper, auf die wir bereits beim Thalidomid gestoßen waren, ist untypisch und auf einige wenige Fälle beschränkt. Die meisten händigen Moleküle müssen dem Körper in der im Stoffwechsel benötigten Form zugeführt werden. Ein Beispiel dafür ist Links-Lysin, das weltweit in Mengen von mehreren zehntausend Tonnen pro Jahr zur Aufwertung von Maisfutter verwendet wird.

Futter auf Maisbasis (Abb. 146) ist für die Eiweißproduktion von besonderer Bedeutung. Im Maisfutter ist Lysin, ebenfalls eine der 20 natürlichen Aminosäuren, die limitierende Komponente, mit der das Futter angereichert wird. Verwendete man das Rechts/Links-Gemisch, so bräuchte man die doppelte Menge. Die Rechtsform würde den Tieren nichts nützen, würde sie jedoch belasten und sich schließlich unverändert als zusätzliches Umweltproblem in der Gülle wiederfinden. Das Eiweiß im Getreide und im Reis ist ebenfalls relativ arm an Lysin, aber auch an Threonin und an Tryptophan. Diese Beispiele zeigen, daß die Rechts/Links-Problematik heute in der Futtermittelindustrie von erheblicher Bedeutung ist.

**P**aßt- und Paßt-nicht-Kombinationen gibt es auch bei Nahrungsmittelzusätzen. Als Beispiel soll der Süßstoff Aspartam dienen (Abb. 147), der 1965 zufällig entdeckt wurde. Er besteht aus dem Methylester des Dipeptids aus den beiden Links-Aminosäuren Asparaginsäure und Phenylalanin. Aspartam wird von der Firma NutraSweet produziert

**Abb. 147** Süßstoff Aspartam

und ist als Assugrin (Abb. 147) oder Canderel im Handel. Es wird von Diabetikern und Kalorienbewußten geschätzt, die die künstlichen Süßstoffe Saccharin, Cyclamat und Acesulfam vermeiden wollen. Aspartam schmeckt ausgesprochen zuckerähnlich. Es ist 160 bis 180mal süßer als Zucker, und die beiden Aminosäuren sind physiologische Komponenten, die auch in Eiweißstoffen enthalten sind (Angewandte Chemie 1998, 110, 1900). Aspartam schmeckt aber nur dann süß, wenn die beiden Aminosäuren in ihren natürlichen Linksformen vorliegen. Ihr Anteil gegenüber den Rechtsformen muß größer als 99,5 Prozent sein. Nimmt der Anteil der Rechtsformen zu, wird der Süßstoff zunehmend bitter. Die beiden Aminosäuren in ihrer Linksform ergeben mit den Geschmacksrezeptoren im Mund die Paßt-Kombination „süß", zunehmende Anteile der Rechtsform führen zur Paßt-nicht-Kombination „bitter".

Der Bedarf an den beiden für die Aspartam-Synthese benötigten Aminosäuren Links-Asparaginsäure und Links-Phenylalanin hat in den letzten Jahren

**Abb. 148**  Cola „light",
gesüßt mit Aspartam

stark zugenommen, seit Firmen wie Coca-Cola dazu übergegangen sind, ihre „Light"-Getränke (Abb. 148) mit Aspartam zu süßen.

Eine von der Menge her viel größere Rolle als der Süßstoff Aspartam spielt das Natriumsalz der Links-Aminosäure Glutaminsäure. Die Links-Glutaminsäure kommt in allen tierischen und pflanzlichen Nahrungsmitteln vor. Sie ist für deren Geschmack und Aroma von entscheidender Bedeutung. Deshalb ist Natrium-Links-Glutamat (Abb.149) ein unentbehrlicher Zusatz für Suppenkonzentrate. In den asiatischen Ländern, den Vereinigten Staaten und auch in Lateinamerika wird Natrium-Links-Glutamat in riesigen Mengen zum Kochen und Nachwürzen verwendet. Die Weltproduktion beläuft sich derzeit auf mehrere hunderttausend Tonnen pro Jahr.

**Abb. 149**  Geschmacksverstärker
Glutamat

## DUFT- UND RIECHSTOFFE

D ie Rezeptoren für die Geschmacksstoffe und die Riechstoffe in Mund und Nase sind Bestandteile unseres Körpers. Wie wir beim Aspartam gesehen haben, sprechen sie bei händigen Molekülen in der Regel nur auf eine der beiden Molekülsorten eines Rechts/Links-Gemischs richtig an. Die Unterschiede im Geschmack oder im Geruch verschiedener händiger Formen können von gering bis zu extrem schwanken. Einige Beispiele: Die Linksform von Limonen riecht nach Zitrone, die Rechtsform nach Orange. Die Linksform von Carvon riecht nach Kümmel, die Rechtsform nach Pfefferminze und die Linksform von Asparagin schmeckt bitter, die Rechtsform süß.

Ein bekanntes Beispiel ist Menthol. Menthol wurde früher ausschließlich aus dem Pfefferminzöl gewonnen. Zur Deckung des steigenden Bedarfs wurde bis vor kurzem vor allem in Brasilien Regenwald gerodet, um Anbauflächen für die Pfefferminzpflanze zu schaffen (Abb. 150). Nach einigen Jahren war der Boden ausgelaugt und gab keine ausreichenden Ernten mehr her. Das nächste Stück Tropenwald mußte abgeholzt oder abgebrannt werden. Heute wird Menthol überwiegend mit Hilfe einer gesteuerten chemischen Synthese hergestellt – auch ein Beitrag zum Schutz des Regenwaldes.

**Abb. 150**  Pfefferminzanbau in Brasilien für die Mentholproduktion

144
Erklärung

**Abb. 151**  Catalyst, ein Parfüm mit chemienahem Namen

Das natürliche Links-Menthol entfaltet sein charakteristisches Aroma als Zutat zu Parfüms, aber auch in Papiertaschentüchern oder Zigaretten. Es ruft außerdem den typischen kühlenden Eindruck hervor. Das Spiegelbild des natürlichen Menthols schmeckt zwar ähnlich, es „kühlt" aber nicht und wird aus diesem Grund nicht eingesetzt, denn die kühlende Wirkung wird vom Benutzer eines mentholhaltigen Produkts erwartet.

Rechts/Links-Unterschiede dieser Art gelten auch für andere Geschmacks- und Riechstoffe, und die Duft- und Parfümindustrie muß sich darauf einstellen (Abb. 151). Eine kleine Veränderung der Zusammensetzung eines Parfüms hat gravierende Auswirkungen auf seinen Duft, und eine nur geringfügige Verschiebung im Rechts/Links-Verhältnis eines händigen Bestandteils kann ein Parfüm wertlos machen.

Die verschiedenen Beispiele, die wir in den letzten Kapiteln angesprochen haben, zeigen, daß dem Rechts/Links-Phänomen heute eine erhebliche wirtschaftliche Bedeutung zukommt – primär in der chemischen und pharmazeutischen Industrie, sekundär aber in allen Industriezweigen, die die Rechts- oder Linksformen weiterverarbeiten und in spezielle Produkte einbauen.

## DAS RECHTS/LINKS-PROBLEM
## BEI DER ENTSTEHUNG DES LEBENS

Daß sich die Natur bei der Entwicklung des Lebens bezogen auf die Aminosäuren für das Links-Leben entschieden hat wie die Technik für die Rechtsschraube, ist uns inzwischen bekannt. Daß dies zu einem frühen Zeitpunkt geschehen sein muß, ist unbestritten, da es weder spiegelbildliches Rechts-Leben gibt noch Spuren davon. Eine der großen Fragen, die sich in diesem Zusammenhang stellen, ist die, ob die Natur zuerst für die Einheitlichkeit der Biomoleküle sorgte, bevor sich Leben entwickelte, oder ob es umgekehrt war. Dann wären zuerst primitive Lebensformen vorhanden gewesen, und die Rechts/Links-Entscheidung bei den Biomolekülen wäre erst während deren Evolution erfolgt.

Ein anderes zentrales Problem ist, ob die Entscheidung der Natur für die Links-Aminosäuren (und Rechts-Zucker usw.) Zufall oder Notwendigkeit war. War sie Zufall, dann könnte sich bei einer Wiederholung des Experiments Erde genauso gut Rechts-Leben entwickeln. War sie Notwendigkeit, hat es kommen müssen, wie es kam, und bei einer Wiederholung würde sich wieder Links-Leben bilden.

### LINKS-AMINOSÄUREN UND LINKS-LEBEN
### – ZUFALL ODER NOTWENDIGKEIT?

In dieser Frage gehen die Meinungen der Forscher, die sich mit der Entstehung des Lebens beschäftigen, weit auseinander. Keine einschlägige Theorie ließe sich experimentell im Laboratorium beweisen. Aus diesem Grunde ist es interessant, ob es Leben auf anderen Himmelskörpern, auf denen erdähnliche Bedingungen herrschen, gab oder gibt und wenn ja, von welcher Art. Dieser Frage werden wir nachgehen, sobald wir einige Theorien skizziert haben, die davon ausgehen, daß es zwangsläufig so kommen mußte, wie wir es heute vorfinden, nämlich Leben mit Links-Aminosäuren und Rechts-Zuckern. Da sind einmal die Konsequenzen des sogenannten Paritätsverlusts: Diese Erkenntnis, für die 1957 der Nobelpreis für Physik verliehen wurde, besteht darin, daß eine der Kräfte, die die

**$\beta$-Zerfall von $^{60}$Co $\rightarrow$ $^{60}$Ni + 1 Elektron + 1 Antineutrino**

**schwache Kernkraft – keine Spiegelsymmetrie**

**Abb. 152** Verlust der Parität beim $\beta$-Zerfall von $^{60}$Cobalt

Atome zusammenhalten, die sogenannte schwache Kernkraft, nicht spiegelsymmetrisch ist. Nachgewiesen wurde das durch den radioaktiven Zerfall von Cobalt-60, bei dem unter $\beta$-Zerfall Nickel-60 entsteht (Abb. 152).

Bei diesem Prozeß werden ein Elektron und ein Antineutrino ausgesandt, die antiparallele bzw. parallele Impuls- und Spinvektoren haben. Dieser händigen Strahlung ist die Erde seit ihrer Entstehung vor einigen Milliarden Jahren ausgesetzt. Die dazu spiegelbildliche Strahlung gibt es nicht und hat es auf der Erde nie gegeben. Mit in gleicher Menge vorliegenden Aminosäuren, wie sie einer zunächst ungesteuerten chemischen Synthese entstammen könnten, ergeben sich damit wiederum Paßt- und Paßt-nicht-Kombinationen der händigen Strahlung mit den Aminosäuremolekülen unterschiedlicher Händigkeit (Abb. 153). Eine ist bevorzugt, die andere benachteiligt. Die Bevorzugung könnte in einer schnelleren Reaktion mit einem Partner, aber auch in einer schnelleren Zersetzung bestehen. Dies könnte im Laufe der Zeit dazu geführt haben, daß sich das Links-System gegenüber dem Rechts-System durchsetzte.

Die uns umgebende Materie besteht aus Atomen mit positiv geladenen Atomkernen, die aus Protonen und Neutronen aufgebaut sind, und negativ geladenen Elektronen in der Atomhülle. Bei Antimaterie ist es umgekehrt: Die Atomkerne sind negativ geladen, und positiv geladene Positronen bilden die Hülle. Antimaterie gibt es im uns zugänglichen Teil des Weltalls nicht. Die Physiker können Antimaterie herstellen und in elektrischen und magnetischen Flaschen kurzzeitig halten. Bei Kontakt mit Materie zerfällt Antimaterie

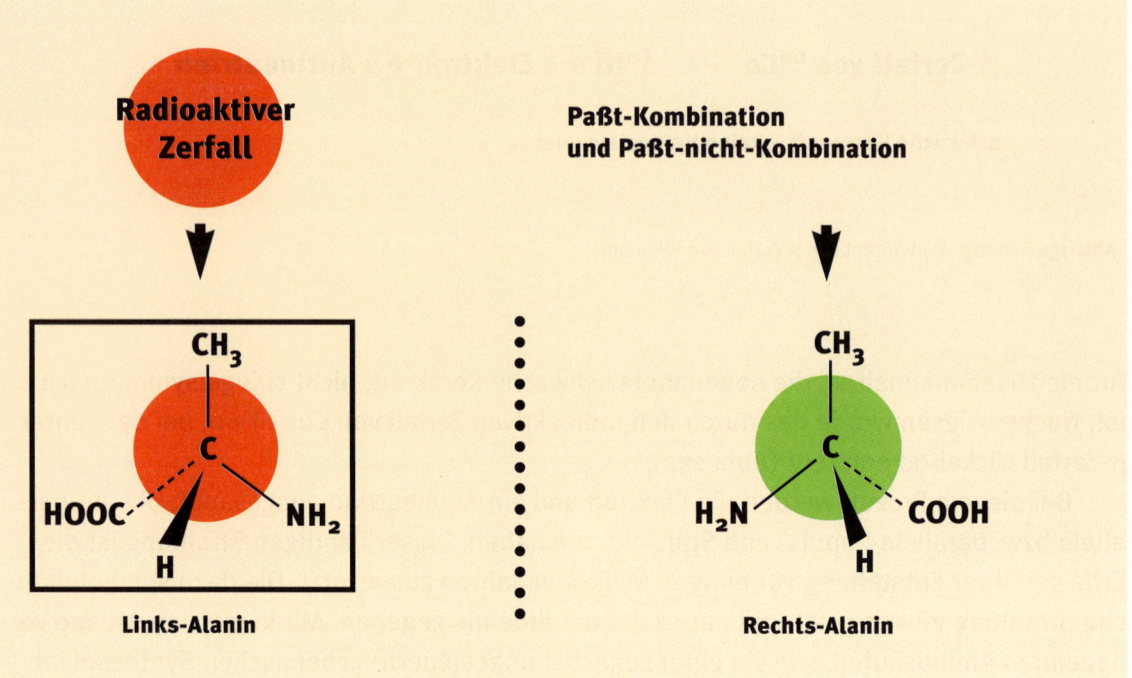

**Abb. 153** Paßt- und Paßt-nicht-Kombination radioaktiver Zerfall – Links-Alanin/Rechts-Alanin

unter Aussendung der sogenannten Annihilationsstrahlung, wobei die Masse von Antimaterie und Materie nach der Einsteinschen Formel $E = m \cdot c^2$ in Energie umgewandelt wird – in viel Energie, denn die Masse wird mit dem Quadrat der Lichtgeschwindigkeit multipliziert, und die Lichtgeschwindigkeit ist eine sehr große Zahl.

Was haben Materie und Antimaterie mit dem Rechts/Links-Problem zu tun? Die natürliche Aminosäure Links-Alanin haben wir bisher nur im Raum gespiegelt. Im Prinzip kann man aber auch andere Größen „spiegeln". Eine Spiegelung der Ladung liefe auf einen Vorzeichenwechsel von plus nach minus und umgekehrt hinaus. Spiegeln wir also Links-Alanin nicht nur im Raum, sondern auch bezüglich der Ladung, dann entsteht aus Links-Alanin

in Materie (Abb. 154 links) Rechts-Alanin in Antimaterie (Abb. 154 rechts). Die chemischen Bindungen im Materie-Molekül links sind durch minus/minus für die beiden negativ geladenen Elektronen der Bindungselektronenpaare gekennzeichnet, im Antimaterie-Molekül rechts durch plus/plus für die entsprechenden Positronen. Die Striche an den Atomsym-

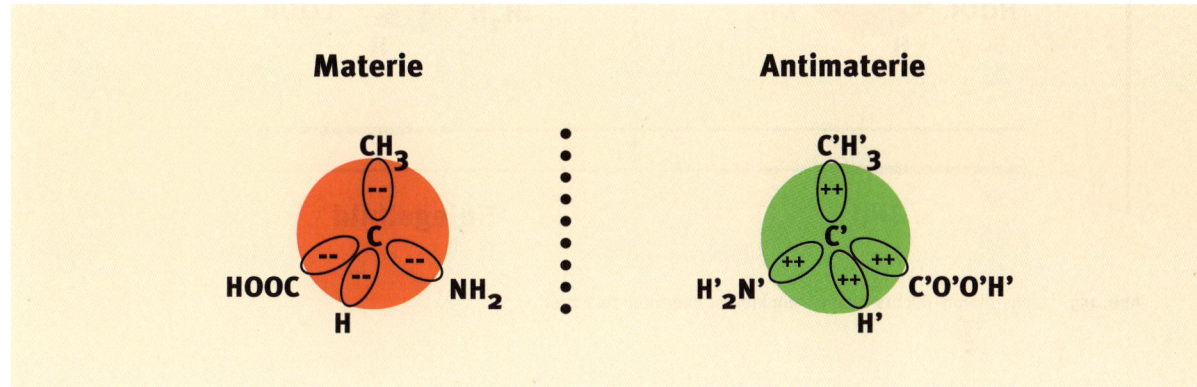

**Abb. 154**  Materie und Antimaterie – Bild und Spiegelbild

bolen sollen den Aufbau aus Antimaterie andeuten. Das Rechts-Alanin in Materie, mit dem wir bisher immer argumentiert haben, ist also gar nicht das „richtige" Spiegelbild von Links-Alanin. Ersteres hat daher auch einen etwas anderen Energieinhalt, wie Berechnungen zeigen, einen geringfügig höheren (Abb. 155). So betrachtet sind Links-Alanin und Rechts-Alanin nicht völlig gleichberechtigt. Links-Alanin ist etwas energieärmer und damit „besser".

Den Energieunterschied zwischen Links-Alanin und Rechts-Alanin nennt man paritätsverletzende Energiedifferenz. Sie liegt für Aminosäuren in der Größenordnung von $10^{-17}$ kT (k = Boltzmann-Konstante, T = absolute Temperatur). Anders ausgedrückt bedeutet das folgendes: Ein Mol einer chemischen Substanz enthält $6 \cdot 10^{23}$ einzelne Moleküle. Bei einem

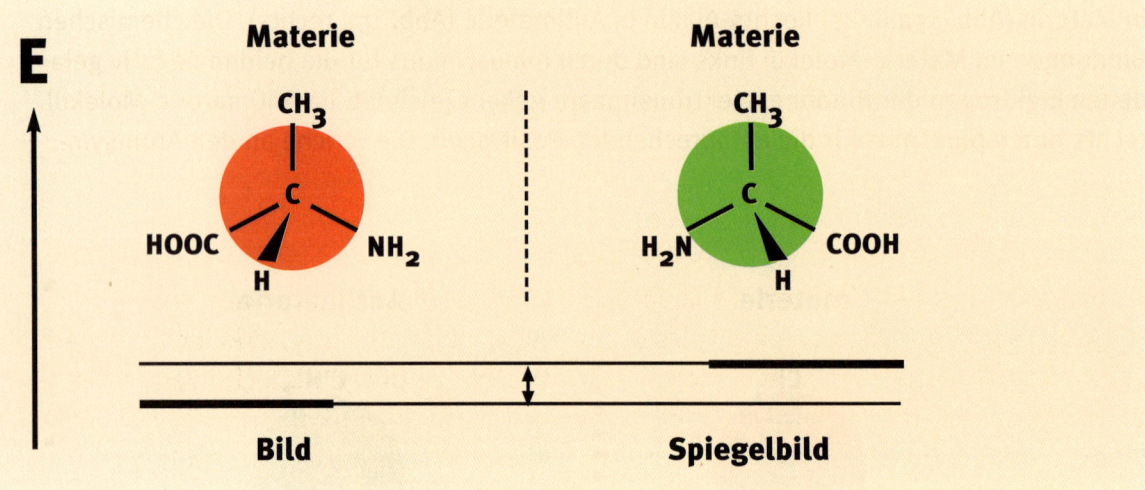

**Abb. 155**  Links-Alanin/Rechts-Alanin – ein kleiner Energieunterschied

Gleichgewicht zwischen Rechts- und Linksform liegt der Überschuß der begünstigten Form bei etwa einer Million Teilchen. Ein Überschuß von $10^6$ bei einer Gesamtzahl von $10^{23}$ ergibt den riesigen Unterschied von 17 Zehnerpotenzen.

Links-Alanin hat also gegenüber Rechts-Alanin, wie man in der Biologie sagen würde, einen gewissen Selektionsvorteil. Man kann Szenarien entwerfen, die zeigen, daß es in einer solchen Situation auch bei einem geringen Selektionsvorteil der bevorzugten Form zu einer schnellen Dominanz kommen kann. Nach dieser Theorie haben sich die Links-Aminosäuren und die Rechts-Zucker aufgrund ihrer etwas größeren Stabilität in der Natur gegenüber ihren Spiegelbildern im Raum durchgesetzt.

Diejenigen, die der Ansicht sind, daß die Entscheidung der Natur für das Links-Leben Zufall war, halten die genannten Effekte für zu gering, um relevant zu sein. Das Problem Links-Aminosäuren und Links-Leben – Zufall oder Notwendigkeit ist also nach wie vor un-gelöst. Interessant ist jedoch, daß die Berechnungen auf der Basis der paritätsverletzenden Energiedifferenzen bei den Aminosäuren die Linksformen und bei den Zuckern die Rechtsformen als die etwas stabileren ausweisen, was mit der beobachteten Händigkeit der Biomoleküle auf der Erde übereinstimmt.

Wie sehr das Forschungsgebiet der Entstehung des Lebens in Bewegung ist, zeigt sich auch darin, daß ständig neue Theorien veröffentlicht werden. Dazu gehört beispielsweise die Idee australischer Astronomen, die am 4.8.1998 im Wissenschaftsteil der Süddeutschen Zeitung besprochen wurde. Ausgangspunkt war die Entdeckung von zirkular polarisiertem Infrarotlicht im Sternbild Orion, in dem es jetzt so aussieht wie in unserem Sonnensystem vor fünf Milliarden Jahren, als die Erde noch nicht existierte. Zirkular polarisiertes Infrarotlicht ist händig. Energiereicher als Infrarotlicht ist Ultraviolettlicht, das Aminosäuremoleküle zerstören kann. Händiges Ultraviolettlicht bildet sich bei der Planetenentstehung, wenn die zunächst vorliegenden Staubteilchen um die zukünftige Sonne kreisen. Da die Staubpartikel nicht kugelförmig sind, richten sie sich in galaktischen Magnetfeldern aus wie Kompaßnadeln im Magnetfeld der Erde. In diesem Zustand absorbieren sie einfallendes Licht so, daß es händig wird. Mit im Innern der Wolke vorhandenen Aminosäuren ergeben sich Paßt- und Paßt-nicht-Kombinationen. Werden vorwiegend Rechts-Aminosäuren zerstört, bleiben die Links-Aminosäuren übrig, die über Kometen und Meteoriten die Erde erreicht haben könnten (Science 1998, 281, 672).

## EXTRATERRESTRISCHES LEBEN?

Da sich das Experiment Erde nicht wiederholen läßt, lohnt sich auf der Suche nach Leben oder Spuren von Leben ein Blick auf andere Himmelskörper. Auf unserem Mond sind vor kurzem geringe Eismengen in den Polregionen gefunden worden. Trotzdem sind die Bedingungen auf dem Erdtrabanten so lebensfeindlich, daß Spuren von Leben dort nicht vermutet werden. Die Planeten Merkur und Venus zwischen Erde und Sonne

**Abb. 156**  Planet Saturn

haben so hohe Oberflächentemperaturen, daß sich Biomoleküle zersetzen würden. Unser nächster Nachbar nach außen, der Mars, ist zwar heute trocken, seine Oberflächenstruktur deutet jedoch darauf hin, daß es dort früher fließendes Wasser gegeben hat. Da die Sonneneinstrahlung auf der Marsoberfläche lebensfeindliche Bedingungen erzeugt, dürften Spuren von Leben, wenn überhaupt, nur in einer Tiefe von einigen Metern zu finden sein. Solche Tiefen wurden auch bei der letzten Mars-Mission durch die Sonde Pathfinder nicht untersucht.

Das Kennzeichen des Planeten Saturn ist sein charakteristisches Ringsystem (Abb. 156). Im Zusammenhang mit der Frage nach Leben ist weniger der Planet selbst als seine Monde interessant. Einer dieser Monde heißt Titan. Er ist von einer Atmosphäre umgeben, die der Erdatmosphäre ähnlich ist. Wie auf der Erde dominiert Stickstoff. Methan, in der Erdatmosphäre eines der Treibhausgase, das nur in geringer Menge vorhanden ist, findet sich in der Titanatmosphäre zu etwa 10 Prozent und wäre damit eine Quelle für das lebenswichtige Element Kohlenstoff. Die UV-Strahlung der Sonne sowie die kosmische Höhenstrahlung dürften dazu geführt haben, daß sich in der Titanatmosphäre Reaktionen abspielten, die zu komplexeren organischen Molekülen führten. Man nimmt an, daß die Oberfläche des Titan von einer Schicht organischen Materials überzogen ist, die nach den vorliegenden Berechnungen einen halben bis zu einem Kilometer dick sein sollte. Die Grundlagen für diese Berechnungen sind das Lebensalter des Titan, die Zusammensetzung seiner Atmosphäre sowie eine Abschätzung der Strahlungsintensität und der durch sie ausgelösten chemischen Reaktionen. Über die Natur des organischen Materials auf dem

Titan ist bisher nichts bekannt. Eine Sonde der NASA ist zum Titan unterwegs. Sie wird im Jahre 2004 landen, und man darf gespannt darauf sein, was sie vorfindet. Sollten händige Moleküle, eventuell auch Biomoleküle, dabei sein, wird eine ganz wichtige Frage die nach deren Rechts/Links-Verteilung sein. Nachteilig für ein Leben auf dem Titan ist seine niedrige Oberflächentemperatur von − 180 °C.

Wegen dieser tiefen Temperatur und seiner Erdähnlichkeit wird der Titan auch als Tieftemperaturversion der Erde bezeichnet.

Ein anderer interessanter Kandidat ist Europa (Abb. 157), einer der Monde, die den Jupiter umkreisen. Auf Europa hat man interessante Oberflächenstrukturen gefunden, die an große, geborstene Eisschollen erinnern. Wenn man bei klarem Wetter über den Nordpol fliegt, sieht das Polarmeer ähnlich aus wie die Oberfläche des Mondes Europa. Darunter könnte sich flüssiges Wasser befinden, eine der Hauptvoraussetzungen für die Entwicklung von Leben. Vor kurzem wurden auf der Europa-Oberfläche wasserhaltige Salze gefunden, die auf einen salzhaltigen Ozean hindeuten (Science 1998, 280, 1242) – ein Ergebnis der Galileo-Mission. Ein salzhaltiger Ozean wiederum könnte das Magnetfeld erklären, das Europa umgibt, worüber im selben Heft von Science auf Seite 1211 berichtet wird.

Um Aufschluß über andere Himmelskörper zu erhalten, muß man die Erde nicht unbedingt verlassen. Man kann beispielsweise

**Abb. 157**   Jupitermond Europa

die Meteorite untersuchen, die von anderen Himmelskörpern auf die Erde gefallen sind. Berühmt geworden ist der Murchison-Meteorit, der Ende September 1969 in der Nähe der Ortschaft Murchison, 80 Kilometer nördlich von Melbourne, Australien, niederging (Abb. 158). Von diesem Meteoriten wurden etwa 100 Kilogramm Bruchstücke gefunden.

**Abb. 158**  Murchison-Meteorit

Der Murchison-Meteorit besteht aus Kometenmaterial, das stark wasserhaltig ist. Interessant an diesem Meteoriten ist, daß er auch organisches Material enthält, darunter Aminosäuren. Mehrfach wiederholte Analysen haben ergeben, daß die Aminosäuren sowohl Rechtsformen als auch Linksformen sind, wobei interessanterweise die Linksformen überwiegen. Ein deutlicher Hinweis dafür, daß das Material nicht von der Erde stammt, ist darin zu sehen, daß der Murchison-Meteorit Aminosäuren enthält, die nicht zu den 20 Aminosäure-„Buchstaben" des Lebens auf der Erde gehören. Es wurden 92 verschiedene Aminosäuren nachgewiesen, davon 19, die sich am Aufbau des Lebens auf der Erde beteiligen. Neuerdings ist ein untrüglicher Beweis für die extraterrestrische Herkunft des Murchison-Meteoriten auch dadurch erbracht worden, daß die Isotopenzusammensetzung der enthaltenen Elemente eine andere ist als auf der Erde.

Mit rechts und links auf der Ebene der Atome und Moleküle haben wir uns im zurückliegenden Teil intensiv auseinandergesetzt und dabei gesehen, welche Bedeutung dem Bild/Spiegelbild-Phänomen bei den kleinsten Teilchen zukommt. Soeben waren wir in unserem Sonnensystem zu den äußeren Planeten und ihren Monden unterwegs. Wenn wir diesen Weg fortsetzen, werden die Gebilde immer größer. Die größten sind zweifellos die Galaxien, die häufig spiralige Strukturen haben. Da die Masseverteilung in ihnen unsymmetrisch ist, sind sie händig. Die Spiegelbilder zu diesen großen Einzelexemplaren sind im Universum nicht vorhanden.

Vor kurzem wurde in der europäischen Südsternwarte auf dem Paranal in den chilenischen Anden mit dem neuen Acht-Meter-Fernrohr FORS 1 die Galaxie NGC 1232 entdeckt (Abb. 159). Sie ist 300 Millionen Lichtjahre von der Erde entfernt und erinnert an ein Feuerrad, von dem glühende Teilchen tangential wegfliegen. Ihr Zentrum besteht aus älteren rötlichen Sternen, die Spiralarme aus jüngeren bläulichen Sonnen. Außerdem ist noch eine kleine verzerrte Begleitgalaxie vorhanden, die in Abbildung 159 links unten zu sehen ist (Süddeutsche Zeitung 222, 26./27. September 1998, Seite 12).

**Abb. 159**   Galaxie NGC 1232

## WEITERE „HÄNDIGKEITEN"

Die soeben abgeschlossene Diskussion versuchte das Händigkeitsphänomen zu erklären, die geschichtliche Entwicklung nachzuzeichnen, in die wissenschaftlichen Grundlagen einzuführen und die derzeitige wirtschaftliche Bedeutung zu verdeutlichen. Bei der einleitenden Hinführung zu diesem zentralen Teil der Bild/Spiegelbild-Problematik wurde zunächst die Gleichberechtigung verschieden gewundener Säulen vorgestellt, die stark mit der Bevorzugung der Rechtsformen bei den Schneckenhäusern und den Selektivitäten bei Kletterpflanzen und einigen anderen spektakulären Beispielen kontrastierte. Bei den Schrauben der Technik waren rechts und links zunächst auch gleichberechtigt, bis die Festlegung auf die Rechtsform durch eine weltumspannende Absprache erfolgte. Welche Gründe zur Entscheidung der Natur für Links-Aminosäuren und Rechts-Zucker geführt haben könnten, wurde in den letzten Kapiteln diskutiert.

In den folgenden Kapiteln werden weitere spezielle Rechts/Links-Beispiele beschrieben, die den Rahmen der Einleitung gesprengt hätten. Nach der vorangehenden Diskussion dürfte der Leser ahnen, worin die Quintessenz aller dieser Beispiele liegen wird: Im täglichen Leben treten Rechts- und Linksformen gleichberechtigt nebeneinander auf, wenn nicht Traditionen und praktische Überlegungen zu einer Beschränkung auf die eine oder andere der beiden Formen geführt haben. In der Natur dagegen ist immer mit Stereoselektivität zu rechnen, mit hoher oder mit geringer Bevorzugung der einen oder anderen Form.

**Abb. 160 und 161**
Lapis niger-Inschrift vom
Forum Romanum – Ausschnitt

**S**chrift hat nicht nur dadurch eine Beziehung zu rechts und links, daß man mit der rechten oder mit der linken Hand schreiben kann. Die Schreibrichtung selbst kann entweder von links nach rechts (dextrograd), wie bei unserer Schrift, oder auch von rechts nach links (sinistrograd) sein, wie z.B. im Arabischen. Darüber hinaus entwickelten sich bereits früh andere Schriftformen, z.B. die Schlangenschrift, bei der auf eine normale von links nach rechts geschriebene Zeile eine von rechts nach links verlaufende mit auf dem Kopf stehenden Buchstaben (capovolto) folgt usw. Eine andere im Altertum verbreitete Schriftform war Bustrophedon (= wie der Ochse pflügt). Auch hier schließt sich an eine normale Zeile von links nach rechts die nächste Zeile von rechts nach links an usw. Bei Bustrophedon werden allerdings in der von rechts nach links laufenden Zeile die Buchstaben gespiegelt. Abbildung 160 zeigt ein Beispiel. Es handelt sich um einen Ausschnitt aus der ältesten erhaltenen lateinischen Inschrift, der Lapis niger-Inschrift, die etwa aus dem Jahr 600 vor Christus stammt und 1899 auf dem Forum Romanum entdeckt wurde.

Sowohl hinter der Schlangenschrift als auch der Bustrophedon-Schreibweise stand offenbar das Bemühen, den ungebrochenen Fluß der Sprache abzubilden. Bei beiden Schriftformen entfällt die Schwierigkeit, die vor allem bei Texten mit großer Zeilenlänge auftritt, nach Erreichen eines rechten Zeilenendes den nächsten Zeilenanfang links zu finden. Andererseits erfordert das Lesen der von rechts nach links verlaufenden Bustrophedon-Zeilen mit den gespiegelten Buchstaben eine besondere intellektuelle Anstrengung: Auch für den Geübten war Bustrophedon nicht einfach, wie die beiden furchenwendigen Zeilen in Abbildung 161 zeigen. In der zweiten Zeile gibt es beim O nichts zu spiegeln, bei E, D und P ist die Spiegelung sehr schön zu sehen, beim S aber ist dem Steinmetz ein Fehler unterlaufen, denn das S ist ein händiger Buchstabe, den er hätte gespiegelt schreiben müssen.

## ALICE HINTER DEN SPIEGELN

Im Jahre 1872, acht Jahre nach seinem ersten Kinderbuch „Alice im Wunderland", publizierte Lewis Carroll alias Charles Lutwidge Dodgson „Alice hinter den Spiegeln". In dieser Erzählung durchsteigt Alice, die eben noch mit ihrem Kätzchen gespielt hat, einen Spiegel und gelangt in das Zimmer hinter dem Spiegel, in dem „alles verkehrt herum" ist. So stellt Alice fest, daß die Bücher im Spiegelhaus ungefähr wie ihre eigenen sind, nur „laufen die Wörter alle nach der falschen Seite". Natürlich spielt in der Spiegelwelt auch die Spiegelschrift eine gewisse Rolle, und Alice erkennt, daß die Wörter wieder nach der richtigen Seite laufen, wenn man das Buch vor einen Spiegel hält.

Besonders tiefsinnig ist die auf ihr Kätzchen bezogene Bemerkung „Vielleicht schmeckt Spiegelmilch nicht besonders gut". Wie richtig diese Vermutung ist, konnte der Autor 1872, zwei Jahre bevor van´t Hoff und LeBel die molekulare Händigkeit auf das asymmetrische Kohlenstoffatom zurückführten, nicht ahnen: Wie bereits ausgeführt, wäre Spiegelmilch nicht nur nicht besonders gut, sondern absolut unverdaulich. Mit der Spiegelung der Zeit geht Lewis Carrol allerdings sehr weit. So lebt z.B. die Königin rückwärts in der Zeit, wenn sie mit dem Schreien schon aufgehört hat, bevor sie sich in den Finger sticht.

SPIEGELMILCH
SCHMECKT
NICHT BESONDERS GUT

Andere Abenteuer, die Alice im Spiegelland erlebt, wie das Auftauchen von Spiegelschnecken und anderem Spiegelgetier oder das Verspeisen von Spiegelkuchen, haben mit Händigkeit wenig zu tun, und auch das Verklemmen des linken Fußes im rechten Schuh ist nicht mit der Entdeckung der Paßt- und Paßt-nicht-Wechselwirkungen gleichzusetzen. Aber schließlich kann man von einem Kinderbuch aus dem Jahre 1872 eine vollständige und korrekte Beschreibung des Bild/Spiegelbild-Phänomens auch nicht unbedingt verlangen.

DER LINKE FUSS
VERKLEMMT
IM RECHTEN SCHUH

## BILD UND SPIEGELBILD — PAARWEISE

Viele der händigen Elemente, die wir bisher kennengelernt haben, treten nur in einer der beiden möglichen Formen auf. Manchmal aber gehören Bild und Spiegelbild zusammen wie die rechten und linken Ziersäulen an einem Altar. Dieses paarweise Auftreten von Bild und Spiegelbild ist häufig anzutreffen, denn es befriedigt das menschli-

**Abb. 162**  Kirche St Etienne du Mont

che Symmetriebedürfnis. Ein Beispiel sind die Wendeltreppen in der Kirche St Etienne du Mont in Abbildung 162, die sich spiegelbildlich zueinander rechtshändig und linkshändig an den zentralen Pfeilern hochziehen. Jede der beiden Wendeltreppen ist für sich betrachtet händig. Das Paar aber ist durch eine Symmetrieebene in der Mitte verbunden.

Manchmal findet man solche Bild/Spiegelbild-Paare auch in der Natur. Schraubig gedreht wie Bild und Spiegelbild sind die Hörner mancher Antilopen, Ziegen und Schafe. Der große Kudu, der zu den Waldböcken gehört, trägt zwei zueinander spiegelbildliche Korkenzieher auf dem Kopf, die bis zu 1,80 Meter lang werden können (Abb. 163). Ein eindrucksvolles Schraubengehörn als Rechts/Links-Paar, das dem großen Kudu den Namen König der Antilopen eingetragen hat! Ein anderes Beispiel ist der Dallschafwidder in Abbildung 164.

**Abb. 163**  Großer Kudu

160
Beispiele

**Abb. 164**  Dallschafwidder

Bei den Blättern in Abbildung 165 ist jedes einzelne Blatt eine typisch händige Form. Gemeinsam mit seinem spiegelbildlichen Gegenstück aber bildet es ein symmetrisches Paar.

Wenn Pflanzenfrüchte ausgesprochen händige Formen haben, ist normalerweise eine starke Bevorzugung einer der beiden spiegelbildlichen Formen zu erwarten. Ein bereits besprochenes Beispiel dafür ist die hohe Stereoselektivität der Oogonien bei den Armleuchtergewächsen (Abb. 119). Daß es nicht immer so sein muß, zeigen die Samenkapseln der Brennwinde (Abb. 166).

Die Kapseln sind ausgeprägt spiralig verdrillt, und trotzdem treten Bild und Spiegelbild nebeneinander auf. Ein anderes Beispiel sind die Früchte in Abbildung 167 aus einem arabischen Basar, die sowohl rechtshändig als auch linkshändig vorkommen und deren Rechts/Links-Verhältnis nicht weit von 50:50 entfernt ist. Wenn überhaupt, ist nur eine geringe Stereoselektivität vorhanden, trotz der starken Verdrillung. Die Natur ist vielgestaltig und manchmal auch unlogisch.

Logisch verhält sich die Natur bei der Bananenpflanze. Jedes Blatt, das sich neu entfaltet, ist mit außergewöhnlich hoher Stereoselektivität linkshändig aufgerollt (Abb. 168), und die Phyllotaxie ist ebenfalls linkshändig.

**Abb. 168**  Sich entrollendes Bananenblatt – linkshändig

**Abb. 169**  Bergbahnseil – linkshändig in Strang und Unterstrang

## SEILE UND NABELSCHNUR – HÄNDIGKEIT IN DER HÄNDIGKEIT

Seile bestehen aus händig verschlungenen Strängen, die ihrerseits aus händigen Untereinheiten aufgebaut sein können. Das Stahlseil in Abbildung 169 ist das Halteseil einer Bergbahn. Sowohl die großen Stränge als auch die Unterstränge sind linksspiralig verdrillt. Eine ähnliche Händigkeit in der Händigkeit ist auch in Abbildung 11 an Berninis Hochaltar in der Peterskirche zu beobachten.

Bei Hanfseilen bestehen die gewundenen Stränge aus einzelnen verdrehten Fasern. Vor japanischen Tempeln findet man heilige Strohseile, die Unreinheiten vom Schrein fernhalten sollen. Dabei ist die Händigkeit, mit der die Seile geflochten sind, für die betreffende Sekte typisch. Bei den Izumo-Schreinen sind die Seile rechtshändig (Abb. 170), bei den Ise-Schreinen linkshändig. Es wird angenom-

**Abb. 170**  Geflochtene Strohseile vor einem Izumo-Schrein
– rechtshändig

men, daß im frühen Japan zunächst nur die für die Izumo-Kultur charakteristische Rechtsrichtung vorhanden war. Die linkshändigen Seile wurden erst später mit der Ise-Kultur eingeführt, die über die Izumo-Kultur triumphierte.

Obwohl Leonardo da Vinci viele seiner Notizen in Spiegelschrift niederschrieb (um sie geheim zu halten?), hatte er Probleme mit dem Rechts/-Links-Phänomen. Die Seildarstellung in seiner Skizze Abbildung 171 bestätigt diese Schwierigkeiten. Das auf der rechten Seite senkrecht nach unten hängende Seilstück ist rechtshändig gezeichnet. Nach der rechts oben erfolgenden Richtungsänderung läuft das Seil jedoch linkshändig weiter. Das links unten zu sehende Stück ist wieder rechtshändig.

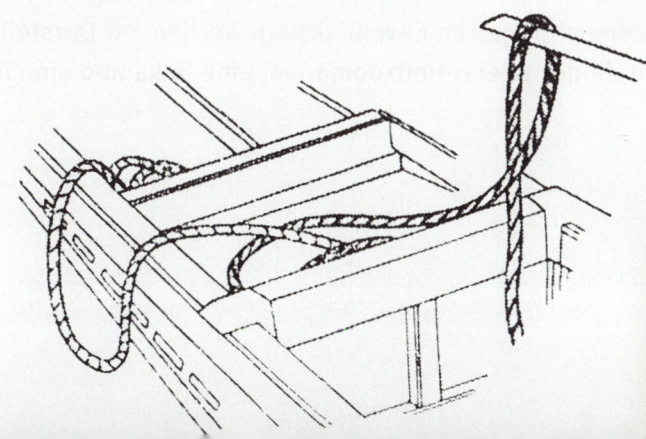

**Abb. 171**  Seil mit unterschiedlichen Händigkeitsbereichen
– Zeichnung von Leonardo da Vinci

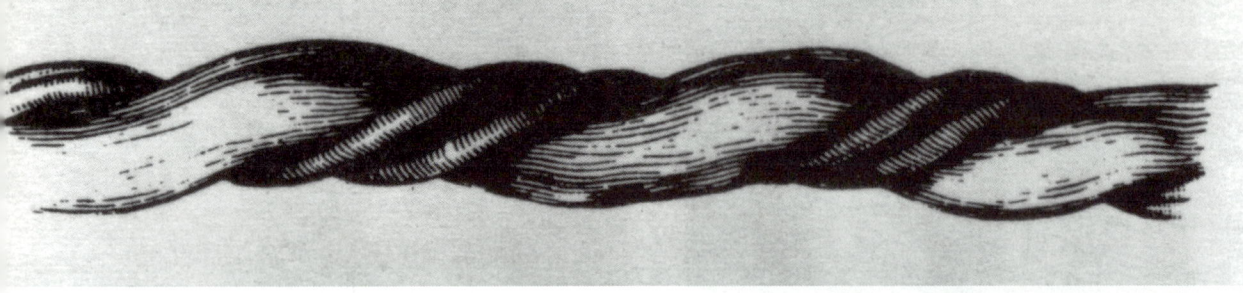

**Abb. 172**  Menschliche Nabelschnur

Durch die Nabelschnur ist das werdende Kind mit der Mutter verbunden. Die drei Ge-
fäße der Nabelschnur sind stets linkshändig aufgerollt (Abb. 172). Das Leben beginnt also
links. Auch dabei haben wir Händigkeit in der Händigkeit. Die händigen Moleküle, die die
verdrillte Nabelschnur aufbauen, sind jedoch so klein, daß man sie nicht so deutlich sehen
kann wie die Unterstrukturen in einem Stahlseil oder einem Hanfseil.

## SPIRALEN UND DOPPELSPIRALEN

Händigkeit als Folge einer Unterhändigkeit gibt es auch auf der Ebene der Atome
und Moleküle. Wenn sich händige Moleküle zu längeren Ketten zusammenlagern, z.B. Aminosäuren zu Peptiden, dann kommt es häufig zur Ausbildung spiraliger
Strukturen. Bei den Eiweißstoffen ist die sogenannte $\alpha$-Helix ein dominierendes Strukturelement. Die in den Links-Aminosäuren kodierte Händigkeit führt dabei zu Rechtsspiralen.
Strukturuntersuchungen an Eiweißkörpern werden mit Darstellungen wie in Abbildung 173
verdeutlicht, in der zwei $\alpha$-Helixdomänen, eine links und eine rechts im Bild, zu erkennen
sind.

Die Erbsubstanz Desoxyribonucleinsäure, abgekürzt DNA, deren Rückgrat aus dem Rechts-Zucker Desoxyribose und Phosphatresten besteht, bildet rechtshändige Doppelhelix-Strukturen aus. Dabei sind insbesondere die vier Pyrimidin- und Purinbasen durch die Ausbildung von Wasserstoffbrücken strukturbestimmend. Abbildung 174 zeigt die Doppelhelix auf dem Umschlag des Buchs von Watson und Crick, die 1962 für die Aufklärung des genetischen Codes mit dem Nobelpreis für Medizin ausgezeichnet wurden. All diese Strukturbilder haben nur Modellcharakter, denn die zugehörigen Molekülstrukturen sind zwar vergleichsweise groß, aber noch unsichtbar. Erst wenn sich diese Makromoleküle zu noch größeren Superstrukturen zusammenlagern, entstehen mehrere Nanometer große Gebilde, die mit dem Elektronenmikroskop sichtbar gemacht werden können.

**Abb. 173** Modell eines Eiweißmoleküls mit rechtshändigen α-Helices

**Abb. 174** Doppelhelix der Desoxyribonucleinsäure – rechtshändig

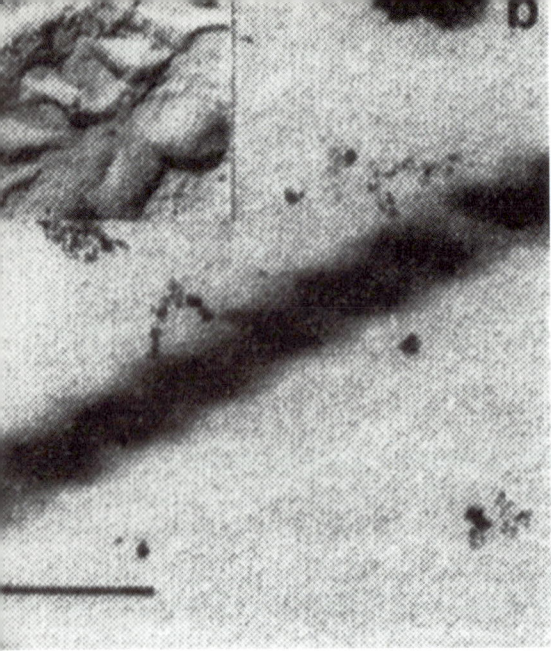

**Abb. 175**  Superschrauben – Selbstorganisation eines Phospholipids

Abbildung 175 zeigt die elektronenmikroskopische Aufnahme rechtsgängiger Superschrauben, die aus der Selbstorganisation eines Phospholipids hervorgegangen sind (Angewandte Chemie 1998, 110, 69). Dabei wird die ursprünglich in den Molekülen enthaltene Händigkeit über eine Reihe hierarchischer Stufen bis auf die makroskopische Ebene übertragen. Noch ein bißchen größer sind die spiraligen Strukturen im Inneren der Schraubenalgen von Abbildung 176, die bereits unter dem Licht-Mikroskop zu beobachten sind. Denkt man sich diese Prozesse fortgesetzt, resultieren letztlich die händigen Strukturen, auf die wir in der Natur immer wieder stoßen. Die Bevorzugung einer der beiden händigen Formen geht dabei auf die Tatsache zurück, daß die Natur von Bild/-Spiegelbild-Molekülen nur eine Sorte benützt.

In der Doppelspirale, die wir bei der DNA kennengelernt haben, sind die beiden Einzelstränge durch Wasserstoffbrücken miteinander verbunden. In der Regel existiert eine solche Verbindung bei Doppelspiralen nicht: Die beiden Spiralen stehen parallel verschoben ineinander, sind aber voneinander unabhängig. In Parkhäusern wird das ausgenützt, indem die einfahrenden Autos die eine Spirale und die ausfahrenden die andere Spirale verwenden. Das Prinzip der Doppelspirale wird bereits seit längerer Zeit angewandt, z.B. beim Tiefbrunnen der auf einem Felsstock liegenden Stadt Orvieto (Italien). Dieser Tiefbrunnen ist durch eine Doppelspirale erschlossen. Auf der einen Spirale trugen die

**Abb. 176**  Schraubenalgen

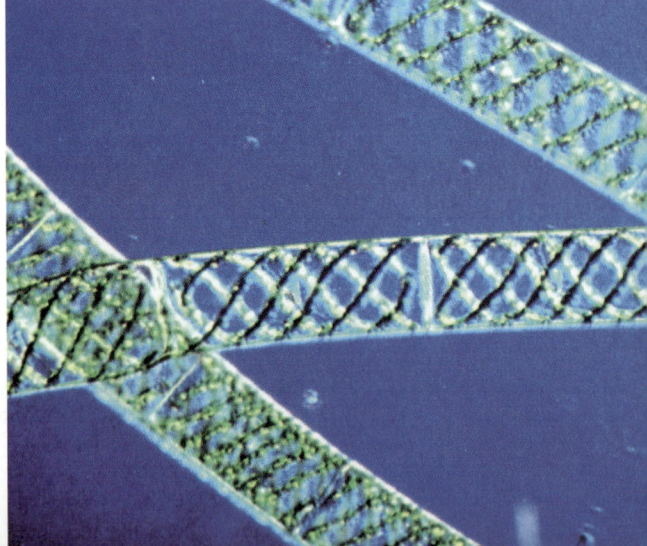

Esel das Wasser hinauf, ohne den auf der anderen Spirale hinuntergehenden Eseln in die Quere zu kommen. Die Idee der Doppelspirale wird Leonardo da Vinci zugeschrieben, der für das Treppenhaus eines Bordells eine Doppelspirale entworfen haben soll, damit sich die ankommenden und weggehenden Freier nicht begegnen.

## RECHTSQUARZ UND LINKSQUARZ

**Abb. 177** Quarzkristall

Neben den Feldspäten ist Quarz (Abb. 177) mit etwa zwölf Gewichtsprozent das häufigste Mineral der Erdkruste. Quarz ist damit von den Mineralien, die händige Kristalle ausbilden, mit Abstand das wichtigste. Die Baueinheiten auf atomarer Ebene sind eckenverknüpfte Tetraeder mit Siliziumatomen in der Mitte und Sauerstoffatomen an den Ecken. Die Anordnung der Tetraeder erfolgt schraubenförmig in Richtung einer Achse, der kristallographischen c-Achse. Dabei kann die Schraubenstruktur linkshändig oder rechtshändig sein (Abb. 178). Diese mikroskopische Rechts- und Linkshändigkeit führt zur Ausbildung von spiegelbildlichen Kristallen.

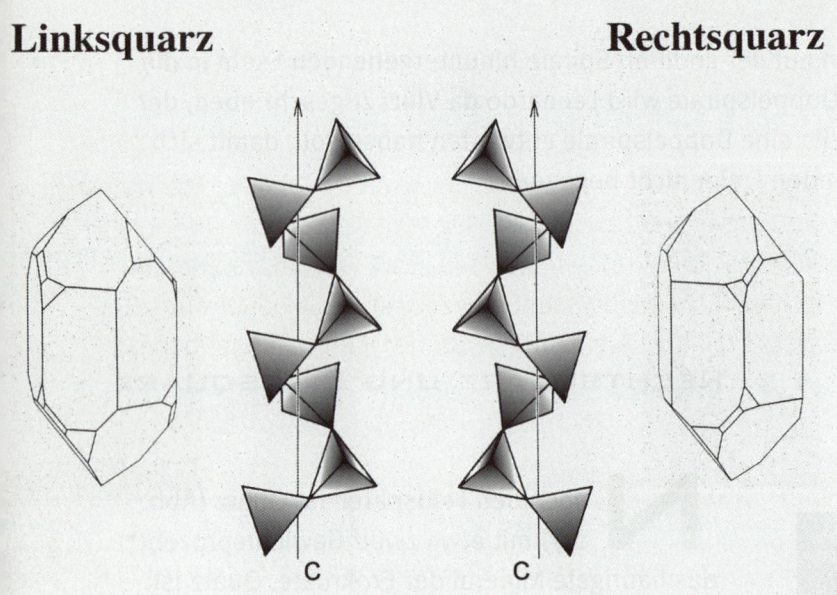

**Linksquarz** **Rechtsquarz**

**Abb. 178**  Linksquarz und Rechtsquarz – makroskopisch und mikroskopisch

Die Bezeichnungen Rechtsquarz und Linksquarz gehen auf den Kristallographen Weiß (1816) zurück. Damals war die mikroskopische Struktur von Quarz noch nicht bekannt. Weiß orientierte sich bei seiner Rechts/Links-Zuordnung daher nur an Flächenbeziehungen, die man den Kristallen ansieht (Abb. 178). Heute weiß man, daß der Rechts- bzw. Linksquarz nach Weiß auf der Ebene der Atome und Moleküle eine linkshändige bzw. rechtshändige Schraubenstruktur besitzt.

Reiner Rechts- bzw. Linksquarz ist relativ selten. Oft beobachtet man eine Zwillingsbildung. Die Unterschiede sind für die Verwendung der Kristalle in der Schwingquarztechnik von großer Bedeutung. Rechtsquarz und Linksquarz sind etwa gleich häufig, unabhängig vom Fundort. Von 7335 in einer Statistik erfaßten Kristallen entfielen auf den Linksquarz-Typ 51,15 Prozent und auf den Rechtsquarz-Typ 48,85 Prozent. Im Zusammenhang mit den Theorien zur Entwicklung der Einheitlichkeit der Händigkeit bei den Biomolekülen auf der Erde wurde die geringe paritätsverletzende Energiedifferenz zwischen Rechts- und Linksmolekülen erläutert. Bei einem Polymer wie dem Quarz sollte sich eine solche Energiedifferenz vervielfachen. Die Anhänger dieses Ansatzes betrachten das Verhältnis von 51,15 : 48,85 als Bestätigung ihrer Theorie.

m Gegensatz zu einer gestreckten Kette kann man eine Spiralfeder ohne Beschädigung sowohl zusammendrücken als auch bis zu einem gewissen Grade in die Länge ziehen oder verformen (Abb. 179). Diese Eigenschaft wird in der Technik zum Dämpfen und Abfedern ausgenutzt. Sie kommt sicherlich auch den soeben gezeigten Molekülspiralen zugute. Dadurch gewinnen sie Stabilität bei den Bewegungen auf der molekularen Ebene, der sogenannten Brownschen Molekularbewegung.

**Abb. 179**  Spiralfeder

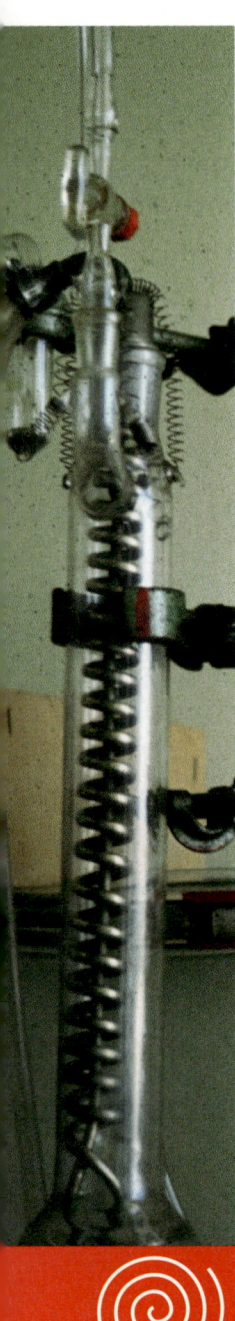

**Abb. 180**   Kühlschlange – rechtshändig

**Abb. 181**   Rückflußkühler – linkshändig

Ein anderes Merkmal einer eng gewickelten Spirale ist die gute Raumerfüllung. Bei Kühlspiralen (Abb. 180) und Rückflußkühlern (Abb. 181) ermöglicht diese dichte Packung eine intensive Kühlwirkung.

Viele Pflanzen entwickeln Anker, die sie auswerfen, um sich festzuhalten und zu stabilisieren, wenn sie in die Höhe wachsen (Abb. 182 und 183). Mit dieser federnden Befestigung können sie flexibel auf Windeinwirkung reagieren. Dabei treten meist keine bevorzugten Händigkeiten auf. Darüber hinaus kommt es auch innerhalb der Anker häufig zu Inversionen, die man auch von den Schnüren an Telefon und Rasierapparat kennt. Abbildung 184 zeigt die Vergrößerung einer solchen Inversion. Dabei wächst die Pflanze von links nach rechts. Sie begann, als sie noch jung war, im linken Teil mit einer Linksspirale. Sturm und Drang der Jugend? In der Mitte folgt die Inversion. Die ältere Pflanze wächst dann als Rechtsspirale weiter. Im Alter eher konservativ?

**Abb. 182 und 183**   Pflanzenanker

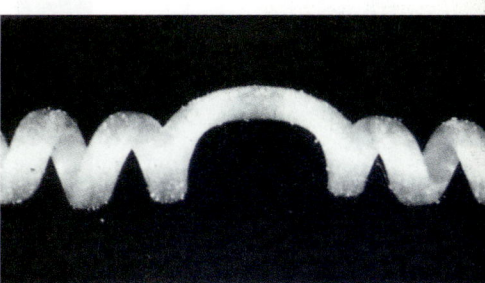

**Abb. 184**   Ankerinversion

# SCHOKOLADESCHNECKEN UND NUSSCHNECKEN

**E**in Konditor ist sich bei der Herstellung von Schokoladeschnecken und -muscheln wahrscheinlich des Rechts/Links-Problems nicht bewußt. Die Konditorei Prinzess in Regensburg, der Heimatstadt des Autors, nimmt für sich in Anspruch, das älteste Café Deutschlands zu sein. Diese Konditorei verkauft tatsächlich nur rechtshändige Schokoladeschnecken (Abb. 185) – getreu der Natur.

**Abb. 185** Rechtshändige Schokoladeschnecken

**Abb. 186** Linkshändige Nußschnecken

Schneckenförmige Backwaren mit Zuckerguß findet man fast in jeder Bäckerei. Auch ein Bäcker wird bei der Herstellung von Nuß- und Mohnschnecken kaum an das Rechts/-Links-Problem denken. Wie aus Abbildung 186 zu ersehen ist, produziert der Bäcker des Autors linkshändige Nußschnecken – im Widerspruch zur Natur. Konditor, Bäcker und das Händigkeitsbewußtsein!

Weinbergschnecken werden vor allem in Frankreich als Delikatesse geschätzt. Die Firma Lindt hat sich darauf eingestellt und bietet Weinbergschnecken aus Schokolade an (Abb. 187). Die Schokoladeschnecken sind rechtshändig, wie es sich gehört. Eine Weltfirma sollte sich in diesem Punkt auch keinen Irrtum erlauben.

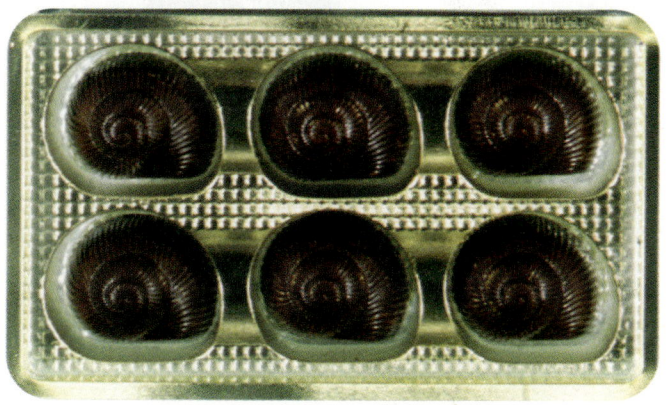

**Abb. 187** Rechtshändige Schokolade-Weinbergschnecken

# HÄNDIGES ALLERLEI

In der Ballistik ist bekannt, daß sich die Flugbahn eines Geschosses stabilisieren läßt, wenn sich dieses im Flug dreht. Bei Waffen wird dieser Tatsache manchmal dadurch Rechnung getragen, daß in den Lauf eines Revolvers (Abb. 188), Gewehres oder Geschützes eine Spirale eingezogen wird, die einer Spirale am Geschoß (Abb. 189) entspricht. Eine Anwendung der Händigkeit, die leider nicht immer positive Folgen hat! Dabei passen die Spiralen in Geschoß und Lauf genauso zueinander wie die rechts- bzw. linksgerieften Teilchen und die Schneckenhaus-artig ausgehöhlten Gänge, in denen sie sich bewegen, in Descartes Erklärung des Magnetismus von 1644.

**Abb. 188 und 189**

Revolver mit Spirale im Lauf
– zugehöriges Geschoß

**Abb. 190** Bild und Spiegelbild der Zahlen 1 bis 5

Abb. 190 enthält ein Bild/Spiegelbild-Problem, das man als Denksportaufgabe stellen kann. Die Frage ist, welches Symbol auf die logische Serie der abgebildeten fünf Figuren folgen muß. Natürlich die Sechs in Form von Bild und Spiegelbild, denn es handelt sich um die Reihe der natürlichen Zahlen. Bis auf die Drei sind übrigens alle Zahlen in Abbildung 190 händig. Bild und Spiegelbild sind verschiedene Formen. Nur im Falle der Drei kann man das Spiegelbild durch Drehung in der Ebene mit dem Bild zur Deckung bringen, sofern man beide Rundungen gleich groß zeichnet.

Es ist bekannt, daß bei einem Würfel die Summe der Augen auf einander gegenüberliegenden Seiten sieben ergibt. Deckt man einen Würfel auf der Oberseite mit einem Geldstück zu, so ist klar, welche Zahlen den beiden sichtbaren Seiten gegenüberstehen. Von der zugedeckten Oberseite und der Unterseite weiß man aber zunächst nur, daß die Summe sieben sein muß. Die Entscheidung ist mit Hilfe folgender Händigkeitsregel möglich. Ein nicht-„gezinkter" Würfel sollte die Ziffern 1, 2 und 3 gegen den Uhrzeigersinn angeordnet enthalten. Der rechte Würfel in Abbildung 191 ist also in Ordnung, der linke Würfel dagegen nicht.

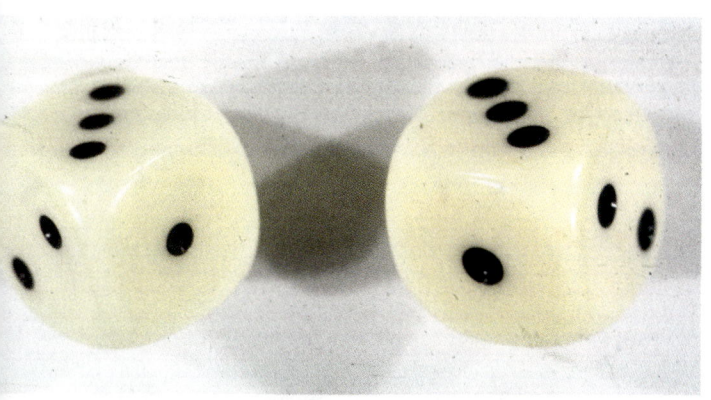

**Abb. 191** Rechter Würfel: 1, 2, 3 gegen den Uhrzeigersinn. Linker Würfel: 1, 2, 3 im Uhrzeigersinn

Das Hakenkreuz (Abb. 192 oben) ist ein altes germanisches Runenzeichen, das zum Symbol des Dritten Reiches wurde. Sein Spiegelbild (Abb. 192 unten) gilt in Süd- und Südostasien als Glücksbringer. Die Leute ritzen es am Morgen in den Staub vor ihrer Hütte, um den Tag zu beschwören. Die Goldschmiedearbeit in Abbildung 192 vereint Bild und Spiegelbild einträchtig nebeneinander.

Im Frühjahr 1997 ging folgender bemerkenswerter Befund durch die Tagespresse: Holländische Biologen hatten auf der Nordseeinsel Texel 107 angeschwemmte Schuhe gesammelt,

**Abb. 192**  Hakenkreuz – Bild/Spiegelbild und Goldschmiedearbeit

## LINKE SCHUHE IN HOLLAND UND RECHTE SCHUHE IN SCHOTTLAND

68 davon waren linke und 39 rechte. Auf den schottischen Shetland-Inseln dagegen fanden sie unter insgesamt 156 Exemplaren 63 linke und 93 rechte. Daß Gegenstände unterschiedlicher Händigkeit im Meer in verschiedene Richtungen treiben, ist auch an Muscheln und Schalentieren beobachtet worden.

Der bayerische Prachtbulle in Abbildung 193, der auf der Grünen Woche 1999 in Berlin vorgestellt wurde, wird mit einem weißblauen Seil geführt, das durchgehend rechtshändig ist.

**Abb. 193**  Bayerischer Bulle an einem weißblauen, rechtshändigen Seil – rechts- oder linkskauend?

Sowohl beim Fressen als auch beim Wiederkäuen führen Rinder mit ihrem Unterkiefer relativ zum Oberkiefer eine kreisförmige Mahlbewegung aus, die – von vorn betrachtet – nach einer älteren dänischen Studie zu 55% rechtshändig und zu 45% linkshändig abläuft (Nature 1927, 127, 807). Dabei behalten die Tiere die gewählte Kaurichtung über längere Zeiträume bei.

## DER PROPELLER IN DER TECHNIK

Den Begriff Propeller haben wir schon mehrfach zur Charakterisierung von Strukturen an Pflanzen benützt. Auch Windmühlenflügel sind Propeller. Aber eigentlich ist der Propeller eine Domäne der Technik. In Form des Flugzeugpropellers oder der Schiffsschraube (Abb. 194) dient er der Fortbewegung. Mit Windrädern (Abb. 195) wird die Bewegung der Luft, mit Turbinen der strömende Wasserdampf oder das fallende Wasser zur Elektrizitätsgewinnung ausgenützt. Mit Ventilatoren wird ruhende Luft in Bewegung versetzt.

Die Schiffsschraube in Abbildung 194 ist rechtshändig. Windräder laufen heute in der Regel von vorn betrachtet im Uhrzeigersinn (Abb. 195). Flugzeugpropeller sind von jeher überwiegend rechtshändig. Sie drehen sich, in Flugrichtung gesehen, im Uhrzeigersinn. Betrachtet man das

**Abb. 194** Schraube des Donauschiffs Bayern, bei Grundberührung beschädigt

Flugzeug allerdings von vorne wie die hol-
ländischen Windmühlen in Abbildung 85, so
dreht sich der Rechtspropeller gegen den
Uhrzeigersinn. Linkshändige Propeller werden im Flugzeugbau selten verwendet, z.B.
an zweimotorigen Maschinen, bei denen ein
linkshändiger dem üblichen rechtshändigen
Propeller gegenübersteht. Doch auch die
meisten zweimotorigen Flugzeugtypen
haben zwei Rechtspropeller. Eine Spezial-
entwicklung in der Flugzeugtechnik ist der
Doppelpropeller, in dem zwei entgegengesetzt laufende Luftschrauben hintereinander
angeordnet sind, eine angetrieben von einer
äußeren, die andere von einer inneren
Welle.

Ein regelmäßig gebauter Propeller hat
die gleichen Symmetrieeigenschaften wie
die Spirale, die wir in Abbildung 8 zur Definition von Rechts- und Linkshändigkeit
benützt haben. Wir haben dabei besonders
betont, daß es gleichgültig ist, von welcher
Seite aus man die Spirale betrachtet und ihr
folgt. Das gilt auch für den Propeller. Die
Schiffsschraube in Abbildung 194 ist ein
Rechtspropeller, und die Luftschraube des
Windrads in Abbildung 195 ist ein Linkspropeller, unabhängig davon, ob man sie von
vorn oder von hinten ansieht.

**Abb. 195**   Windrad auf dem Mühlberg bei Regensburg

Unterscheiden muß man jedoch zwischen dem händigen Aufbau eines Propellers und dessen Laufrichtung. Wenn sich ein Propeller dreht, kommt es sehr wohl darauf an, wie man zu ihm steht: Von der einen Seite aus gesehen bewegt er sich im Uhrzeigersinn, von der anderen Seite aus gegen den Uhrzeigersinn. Das ist auch bei den Flügeln der Windmühlen in Abbildung 85 zu beachten, die Rechtspropeller sind.

## DIE UMKEHRUNG IN DER MUSIK

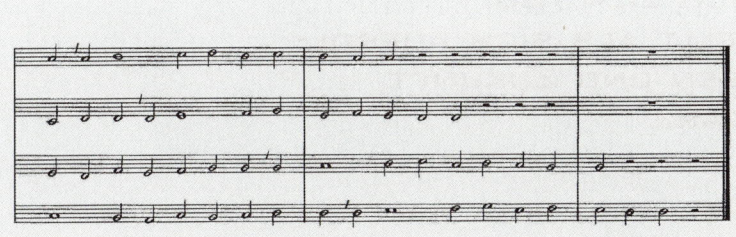

**Abb. 194** Erste und letzte Takte des Schlußkanons aus „De temporum fine Comoedia" von Carl Orff

Spiegelbildlichkeit wird gelegentlich als Stilmittel in der Musik eingesetzt. Diese schon im 15. und 16. Jahrhundert verwendete Technik war als „Krebs" bekannt. Beispiele sind der „Canon Cancricans" aus dem Musikalischen Opfer von Bach und ein Thema aus der Hammerklaviersonate op. 106 von Beethoven. Dabei wird das Thema von einem bestimmten Punkt an spiegelbildlich weitergeführt. Die beiden Hälften verhalten sich dann exakt wie Bild zu Spiegelbild. Abbildung 196 zeigt die ersten und die letzten Takte des Schlußkanons aus „De temporum fine Comoedia" von Carl Orff.

# Die Spirale – von den alten Kulturen bis zur Esoterik

In Mythen und Traditionen verwurzelt, spielt die Figur der Spirale, insbesondere ihre Händigkeit (Abb. 197), bis heute in der Psychoanalyse und Esoterik eine Rolle. Ein Zitat aus dem Buch Formen von I. Riedel, Kreuz Verlag, Stuttgart, 1985:

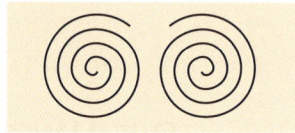

„Von alters her unterscheidet der Mensch
zwei Spiralformen:
die linksdrehende, die, von der Mitte aus gesehen,
entgegen dem Uhrzeigersinn läuft,
und die rechtsdrehende, die, von der Mitte aus
gesehen, mit dem Uhrzeiger geht.
Die linksdrehende Spirale bezeichnet als sich ein-
rollende den Weg zurück zum Ursprung,
zum Mutterleib und auch zum Tod.
Die rechtsdrehende Spirale stellt als sich aufrol-
lende die Entfaltung zu Leben und Zukunft,
die Evolution dar."

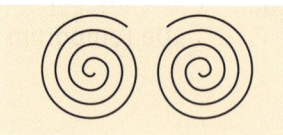

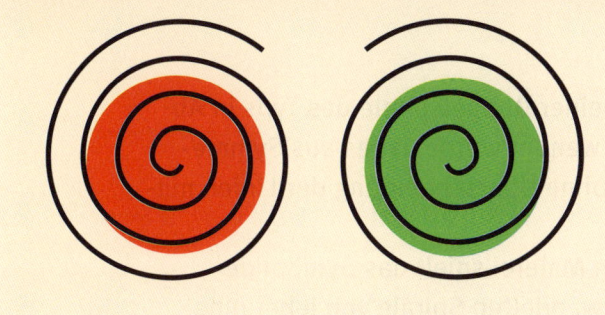

**Abb. 197** Rechtsspirale und Linksspirale

C. G. Jung verstand die Spirale als zentrales Symbol innerhalb des therapeutischen Prozesses und für den therapeutischen Prozeß selbst. Die Doppelspirale (Abb. 198), die zu den ältesten Symbolzeichen der Menschheit gehört, steht für die Zusammengehörigkeit von Leben und Tod.

Frühe Spiralzeichnungen, auch Doppelspiralen, finden sich in Megalith-Kulturen auf den Mittelmeerinseln Malta und Kreta, aber auch in Irland. Die linkshändigen und rechtshändigen Spiralfiguren der kultischen Gruppentänze im mykenischen Kreta sind zum Teil heute noch in den Frühlingstänzen auf Kreta erhalten. Für die Mayas war die Spirale das Symbol des Wiederaufstiegs der Sonne, der mit der Wintersonnenwende im Mittelpunkt der Spirale begann.

Nach I. Riedel verkörpert die Doppelspirale die Verbindung von Leben und Tod. Durchläuft man die Doppelspirale ausgehend vom Mittelpunkt der linken Hälfte in Abbildung 198, so bewegt man sich zunächst im Uhrzeigersinn nach außen, denn die Spirale ist rechtshän-

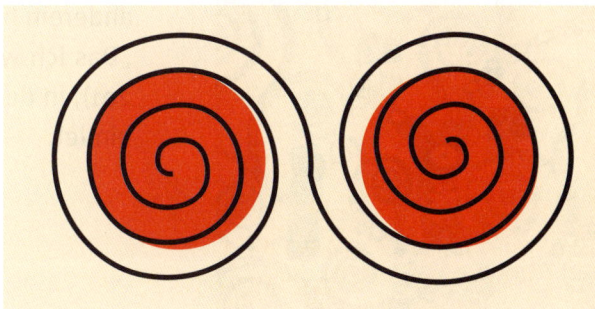

**Abb. 198** Doppelspirale rechts/rechts

dig. Nach dem Übergang in die zweite Spirale von Abbildung 198 erfolgt die Bewegung zwar gegen den Uhrzeigersinn nach innen, aber auch die zweite Spirale ist eine Rechtsspirale. Das wird bei der Zuordnung rechtshändig – Leben und linkshändig – Tod oft übersehen. Will man einer rechtshändigen Spirale eine linkshändige gegenüberstellen, so ist dies nur wie in Abbildung 199 dargestellt möglich,

**Abb. 199** Doppelspirale rechts/links

wobei eine völlig andersartige Figur entsteht. Im Falle einer Doppelspirale des Typs in Abbildung 198, wie sie auch in den Megalith-Kulturen verwendet wurde, ist es aus Symmetriegründen unmöglich, eine Rechts- und Linksspirale ohne Überschneidung der Linien miteinander zu verbinden.

In der arabischen Malerei spielt das Symbol der Spirale und der abgewandelten Spirale von jeher eine große Rolle. Auch im Jugendstil war das pflanzenhaft geschwungene Ornament der Spirale oft ein Motiv, z.B. beim Bild „Der Lebensbaum" von Gustav Klimt (Abb. 200), in dem die Rechts- und Linksspiralen die Lebensprozesse Werden und Vergehen symbolisieren. In der modernen Malerei findet sich das Spiralmuster unter anderem bei Friedensreich Hundertwasser, z.B. im Bild „Das Ich-weiß-es-noch-nicht" aus dem Jahre 1960 (Abb. 201), in dem sich die Spirale mit einer Art Labyrinth verbindet.

**Abb. 200** „Lebensbaum"
von Gustav Klimt

**Abb. 201** „Das Ich-weiß-es-noch-nicht"
von Friedensreich Hundertwasser

184
Beispiele

**Abb. 202** Linkshändige Locken einer Buddha-Statue

**E**iner der Mitarbeiter des Autors, stereochemisch durchtrainiert und mit dem „händigen Blick" ausgestattet, verbrachte nach Abschluß seiner Doktorarbeit seine Flitterwochen in Indonesien. Dabei fiel ihm auf, daß die den Buddha-Statuen aufgesetzten „Locken" (Abb. 202) linkshändig sind. Angeregt von dieser Entdeckung analysierte er eine ganze Reihe indonesischer Buddha-Statuen. Dabei stellte er stets die gleiche händige Haartracht fest. Enthusiastisch berichtete er von dieser unerwarteten Händigkeit, ohne zu erwähnen, wie seine junge Frau diese Forschungstätigkeit während der Hochzeitsreise aufgenommen hatte. Dabei soll die Beschäftigung mit Buddha-Statuen für Hochzeitspaare auch ihr Gutes haben, denn Buddha-Figuren über den Bauch zu streichen, gilt als nachwuchsfreundlich.

Die aufgeführten Beispiele zeigen wie weitverbreitet das Bild/Spiegelbild-Phänomen ist. Augenfällige Rechts/Links-Merkmale sind bei Pflanzen, Tieren und auch beim Menschen seit langer Zeit bekannt, ihr systematisches Studium begann aber erst Ende des letzten Jahrhunderts. Eine ausführliche Darstellung findet sich in Das Rechts-Links-Problem im Tierreich und beim Menschen von W. Ludwig (Verlag Julius Springer, Berlin 1932, Neuauflage Springer-Verlag 1970), aus dem in den nächsten Kapiteln spektakuläre Beispiele mit einigen quantitativen Angaben folgen.

# KREBSE UND PLATTFISCHE

**D**ie Scheren am ersten Beinpaar vieler höherer Krebse sind ungleich ausgebildet (Heterochelie). Es treten Unterschiede in Größe, Gestalt und Funktion auf (Abb. 203). Ursprünglich dürften die Krebsscheren symmetrisch gewesen sein, bevor sich Familien mit Rechts- oder Links-Differenzierung herausgebildet haben. Die Rechts/Links-Statistik bei den Krebsen wird durch ihr Regenerationsvermögen erschwert. Hat ein Krebs eine Schere verloren, so vermag er sie nachzubilden. Es kommt dabei häufig zu einer kompensatorischen Regeneration, auch Scherenumkehr genannt: Ist die größere Schere verlorengegangen, so entwickelt sich die gegenüberliegende, kleinere zur größeren, und auf der anderen Seite wächst eine neue, kleinere Schere nach. Durch eine solche Regeneration wird der Krebs bezüglich der Asymmetrie seiner Scheren zum eigenen Spiegelbild. Im höheren Alter verlieren die Krebse die Fähigkeit zur Scherenumkehr. Dann kommt es zur direkten Regeneration verlorengegangener Scheren. Junge Hummer zeigen kompensatorische Regeneration, alte direkte Regeneration.

**Abb. 203**
Winkerkrabbe mit Winkschere

Einsiedlerkrebse schlüpfen in die Häuser abgestorbener Schnecken, um ihren empfindlichen Hinterleib zu schützen. Auf die überwiegende Rechtshändigkeit der Schneckenhäuser haben sich die Einsiedlerkrebse mit ihrem Körperbau eingestellt (Abb. 204). Inverse Einsiedlerkrebse treten nicht auf. Sie würden nicht genügend linksgewundene Schneckenhäuser finden, denn jedes Tier muß sich im Laufe seines Wachstums mehrere Gehäuse suchen.

Plattfische tragen auf ihrer Oberseite zwei Augen, auf der Unterseite keines. Man unterscheidet Rechtsäuger und Linksäuger. Im Jungstadium sind die Plattfische bilateral symmetrisch. Wenn sie älter werden, „kippen" sie um, nach links, wenn eine Schwimmblase fehlt, nach rechts, wenn eine Schwimmblase vorhanden ist. Dabei wandert das Auge der Unterseite auf die Oberseite (Abb. 205).

Die Rechts/Links-Einheitlichkeit ist unterschiedlich. Seezungen und Schollen sind Rechtsäuger. Linksäugige Seezungen kommen nur in einer Häufigkeit von 0,03 Prozent vor. Der Anteil linksäugiger Schollen beträgt gar nur 0,01 Prozent. Bei der Flunder wechselt der Rechts/Links-Prozentsatz. An der deutschen Ostseeküste liegt der Links-Anteil bei etwa 30 bis 35 Prozent, an der rumänischen Schwarzmeerküste dagegen bei nur einem Prozent.

**Abb. 205** Scholle – rechtshändig

Viele Insekten legen ihre Flügel in der Ruhestellung so zusammen, daß sie sich überdecken. Dabei tritt Spiegelbildlichkeit auf, abhängig davon, ob der rechte oder der linke Flügel oben liegt. Die Grillen sind rechtsflügelig, die Laubheuschrecken linksflügelig. Bei der Feuerwanze beträgt das Verhältnis rechter Flügel oben zu linkem Flügel oben 3:1 bis 6:1, je nach Fundort. Konstanz der Flügellage ist vor allem in solchen Gruppen anzutreffen, die nicht mehr oder nicht mehr viel fliegen.

Bei den Laubheuschrecken trägt der oben liegende linke Vorderflügel an seiner Unterseite eine gerillte Schrillader, der darunter liegende rechte an seiner Oberseite eine Schrillkante. Die Bewegung der beiden Flügel gegeneinander erzeugt das Zirpgeräusch. Die spiegelbildlichen Zirporgane sind rudimentär. Bei den rechtsflügeligen Grillen (Abb. 206) dagegen verfügen beide Flügel über wohlausgebildete Schrilladern und Schrillkanten. Die Grillen verwenden jedoch nur die Schrillader des rechten und die Schrillkante des linken Flügels. Sie zirpen also in der Stellung, die der Ruhelage ihrer Flügel entspricht. Gelangt zufällig der linke Flügel über den rechten, so vermag die Grille trotz eines auch für diesen Fall vorhandenen Schrillapparats nicht zu zirpen.

**Abb. 206**  Grille – rechtsflügelig

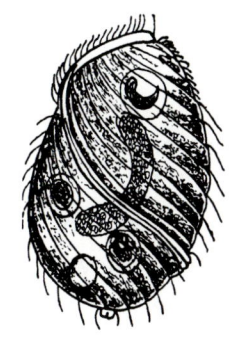

**Abb. 207** Perispira ovum
– linkshändig

Die natürliche Fortbewegung aller Mikroorganismen ist schraubenförmig, hervorgerufen durch den Schlag der Wimpern auf ihrer Oberfläche. Bei den primitivsten Formen der Infusorien sind Rechts- bzw. Linkshändigkeit der Schraubenbahn gleichmäßig über die Arten verteilt. Innerhalb einer Art gibt es kaum Ausnahmen vom vorgegebenen Bewegungssinn. Aus den Urformen der Infusorien gingen die divergierenden Äste der Schlinger und Strudler hervor, bei denen die Linksrichtung stark überwiegt, obwohl es auch einige Arten gibt, die sich rechtshändig fortbewegen. Dem Linksdrall der Bahn entsprechen häufig ein linksspiraliger Körperbau und eine linksspiralige Oberflächenstruktur (Abb. 207).

Im Laufe der Entwicklung wanderte bei den Strudlern der Mund auf die innere, der Schraubenachse zugekehrte Körperseite. Im Gegenzug wurde die Außenseite reicher an Wimpern und dadurch schlagstärker. Fast alle Strudlerarten besitzen ein zum Mund ziehendes, ausnahmslos rechtsgewundenes Band von Wimpern, das einen zum Mund führenden rechtshändigen Wasserstrom erzeugt. Die Rechtshändigkeit dieses Wasserstroms bei gleichzeitiger linksschraubiger Fortbewegung bedingt, daß dem Mund mehr Wasser und damit auch mehr Nahrung zugeführt wird als bei Gleichsinnigkeit beider Bewegungen. Die Rechtshändigkeit von Körperbau und Oberflächenstruktur der Metopiden (Abb. 208) wird als eine ins Extreme gesteigerte rechtshändige Mundfurche gedeutet.

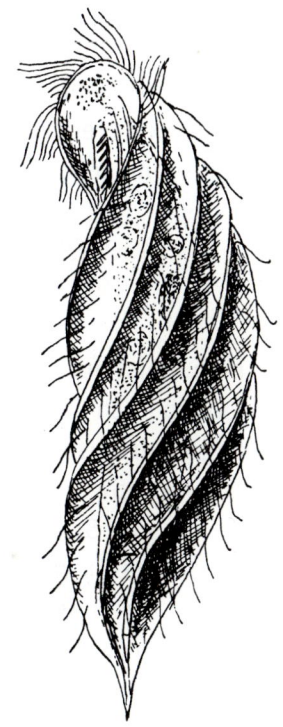

**Abb. 208** Metopus cuspidatus
– rechtshändig

Rechts- und linksgewundene Schnecken sind an sich gleichwertig, die Mehrzahl aller Schneckenhäuser auf der Erde ist jedoch rechtsgewunden. Das gilt für Familien, Gattungen, Arten und Einzelindividuen. Ihre linksgewundenen Gegenstücke sind selten. Es gibt den inversen Zweig der Süßwasser-Pulmonaten, zwei inverse Familien sowie einige inverse Gattungen und Arten. Eine oder wenige inverse Arten innerhalb einer Gattung sind die Ausnahme. Wenn bei den 60.000 bekannten Schneckenarten inverse Arten auftreten, dann sind es immer mehrere verwandte Arten, die einen Subgenus bilden – ein Anzeichen für einen labilen Windungssinn. In einigen Gruppen, zum Beispiel bei den durchwegs rechtshändigen Pulmonaten kommt es vor, daß der jüngste Teil der Schale, die Embryonalschale, linksgewunden ist, während der Rest der Schale rechtshändig ist.

### STABILER UND LABILER WINDUNGSSINN

Dem spiraligen Gehäuse entspricht ein händiger innerer Aufbau der Schnecken. Untersucht man ein einer rechtshändigen Art angehörendes linkshändiges Tier, so stellt man meist auch eine zum Normalfall spiegelbildliche innere Organverteilung fest. Es sind jedoch auch Fälle bekannt, in denen nur das Schneckenhaus, nicht aber die Lage der Organe invertiert ist. In allen Fällen aber nehmen reguläre und inverse Schnecken die gleiche Nahrung auf und unterliegen den gleichen Stoffwechselvorgängen.

Es gibt Schneckenarten mit unwahrscheinlich großem Rechts/Links-Verhältnis. Bei Turbinella-Arten kommt auf mehrere Millionen normaler Tiere nur ein inverses Exemplar (siehe Turbinella pyrum und der Hindu-Gott Vishnu). Die Abnahme des Verhältnisses geht einher mit einer zunehmenden Labilität des Windungssinns. Dies äußert sich darin, daß in der näheren Verwandschaft linke Arten auftreten und daß der Windungssinn an verschiedenen Orten verschieden verteilt ist. Bei Pupoides contrarius kommen in Zentralaustralien Rechts- und Linksformen nebeneinander vor, an der Nordküste Australiens treten dagegen nur Linksformen auf. In den Abruzzen fand man an einem Bergabhang von der außerordentlich linkskonstanten Clausilia leucostigma ausschließlich Rechts-Exemplare. Auf der anderen Seite des Berges waren nur normale Tiere vorhanden. Mit einer größeren Anzahl von Umgängen im Gehäuse waren die Inversen offenbar dabei, eine neue Unterart zu bilden. 1875 wurde berichtet, daß die rechts- oder linksgewundene Schnecke Partula suturalis vexillum nur einen kleinen Teil von Moorea, einer der Gesellschaftsinseln, bewohnte. Bis 1925 hatte sich ihr Verbreitungsgebiet über die ganze Insel ausgedehnt, wobei die Links-Schnecken den Rechts-Schnecken vorausgeeilt waren.

In der Regel kopulieren nur Schnecken gleichen Windungssinns (Abb. 209), ausgenommen die Pulmonaten mit hohen Schneckenhäusern. Dabei wird der Windungssinn auf die Nachkommen übertragen. Bei der Frage nach seiner Vererbung, kommt es entscheidend darauf an, ob man genotypisch oder phänotypisch inverse Tiere miteinander kreuzt. Auch Selbstbefruchtung ist bei Schnecken möglich. Paart man linksgewundene Weinbergschnecken, so erhält man fast immer rechtsgewundene Nachkommen. Bei den linksgewundenen Weinbergschnecken handelt es sich also um phänotypisch Inverse, deren Genotypus normal ist. Die Entstehung genotypisch inverser Spezies durch Mutation liegt unter einem Promille. Sie ist umso höher, je instabiler der Windungssinn einer Art ist. Das Auftreten inverser Kolonien relativ inversionsstabiler Arten an entlegenen Orten ist nur durch Mutation zu erklären.

**Abb. 209**  Paarung zweier rechtshändiger Arianta arbustorum

# RECHTS/LINKS-HÄNDIGKEIT

**B**eim Menschen ist Rechtshändigkeit die Regel, Linkshändigkeit die Ausnahme. Engere Angaben beziffern die Häufigkeit der Linkshändigkeit mit 5 bis 10 Prozent, weitere mit 1 bis 30 Prozent. Die Zuordnung ist schwierig, denn alle Abstufungen von extremer Linkshändigkeit bis zur normalen Rechtshändigkeit treten auf. Dazu kommen Einflüsse von außen, wie der Gebrauch von Rechtshänder-Werkzeugen, die Nachahmung von Rechtshändern, insbesondere aber die Erziehung. Schon kleine Kinder werden aufgefordert, bei der Begrüßung „das schöne Händchen" zu geben. Es ist daher davon auszugehen, daß viele Linkshänder mehr oder weniger zu Rechtshändern umgestimmt werden. Das Ausmaß dieser Umstimmung ist vom sozialen Umfeld abhängig.

## RECHTE HAND – „DAS SCHÖNE HÄNDCHEN"

Je weniger durch Erziehung auf einen Linkshänder eingewirkt wird, umso mehr behält er seine Linkshändigkeit bei. Die Dominanz der Rechtshändigkeit dürfte der Hauptgrund dafür sein, daß bei den meisten Menschen der rechte Arm länger und kräftiger ist als der linke (funktionelle Hypertrophie).

Die Differenzierung zwischen Rechts- bzw. Linkshändigkeit beginnt bei den Kleinkindern im siebenten Monat. Sie entwickelt sich in den ersten vier Jahren und ist bei Erreichen des Schulalters deutlich ausgeprägt. Statistiken zeigen, daß die Rechtshändigkeit in der Schule zunimmt, später aber wieder etwas abnimmt, wenn sich Linkshänder die Freiheit nehmen, zu ihrer ursprünglichen Veranlagung zurückzukehren.

**Abb. 210**
Königin Nefertari, die Gemahlin Ramses II

Auch in der Vergangenheit war die Mehrzahl der Menschen rechtshändig, wie die Untersuchung von Skeletten und prähistorischen Werkzeugen ergab. Plastiken und Skulpturen bis ins dritte Jahrtausend vor Christus zurück zeigen rechtshändig handelnde und arbeitende Menschen, ausgenommen die „ägyptischen" Hände (Abb. 210).

Rechts- und Linkshändigkeit wird erstmals in der Bibel im Buch der Richter 20:16 angesprochen. Dabei wurde aus dem Stamme Benjamin, der 26.700 Menschen zählte, eine Schar von 700 Linkshändern ausgewählt, „die an ihrer rechten Hand gehemmt waren und mit der Schleuder ein Haar treffen konnten, das sie nicht fehlten". Linkshändigkeit bei den Juden der damaligen Zeit war also etwas Ungewöhnliches. Es ist davon auszugehen, daß die ausgewählten 2,6 Prozent extreme Linkshänder waren.

## RECHTSÄUGIGKEIT UND LINKSÄUGIGKEIT

Fixiert man mit beiden Augen ein Objekt, so müßte man von jedem Gegenstand, der davor oder dahinter liegt, Doppelbilder sehen. Dies ist normalerweise nicht der Fall, weil bei Rechtsäugigkeit das dem linken Auge entsprechende Doppelbild und bei Linksäugigkeit das dem rechten Auge entsprechende Doppelbild unterdrückt wird. Bei etwa 75 Prozent der Menschen ist das rechte Auge das führende, bei etwa 25 Prozent das linke.

Die Äugigkeit läßt sich auf folgende Weise bestimmen: Im Abstand von einigen Metern hängt vor einer Versuchsperson eine Schnur von der Decke. Mehrere Meter dahinter an einer Wand befindet sich eine Linie. Die Versuchsperson wird aufgefordert, die Linie an der Wand so mit beiden Augen zu fixieren, daß sie von der Schnur überdeckt wird. Die Versuchsperson ist rechtsäugig, wenn das Bild beim Schließen des linken Auges unverändert bleibt und beim Schließen des rechten Auges Schnur und Linie weit auseinander rücken (Abb. 211).

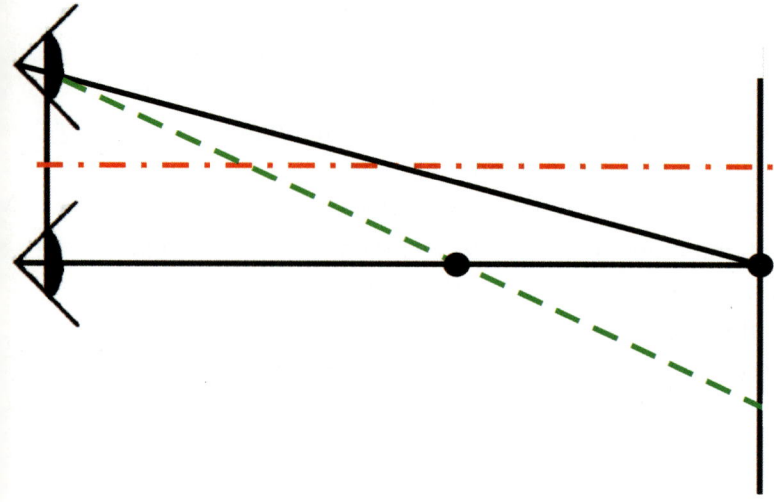

**Abb. 211**  Sehverhalten eines Rechtsäugers (siehe Text)

Die Augachsen stellen sich beim Sehen nicht spiegelsymmetrisch ein. Der Rechtsäuger blickt mit dem rechten Auge geradeaus und mit dem linken schräg (Abb. 211). Beim Linksäuger ist das umgekehrt. Diese Rechtsabweichung im Blick der zahlenmäßig dominierenden Rechtsäuger ist mit der Tatsache in Zusammenhang gebracht worden, daß die meisten Menschen einen Rechtskreis beschreiben, wenn sie im dichten Wald, bei Dunkelheit, bei Nebel oder mit verbundenen Augen laufen.

## RECHTE SEITE – LINKE SEITE

Obwohl der menschliche Körper bilateral symmetrisch erscheint, ziehen sich Unterschiede zwischen linker und rechter Seite von oben bis unten durch den ganzen Organismus hindurch. Am Kopf äußert sich das bei den meisten Menschen darin, daß das linke Schläfenbein ausladender ist als das rechte, weil das Sprachzentrum dahinter sitzt. Dafür ist die rechte Schädelhälfte etwas länger. Diese Asymmetrie des Kopfumrisses ist Hutmachern seit langem bekannt.

## BILATERALE SYMMETRIE UND RECHTS/LINKS-UNTERSCHIEDE

Das linke Jochbein tritt in der Regel mehr hervor als das rechte, und die linken Nasenhöhlen sind größer als die rechten. Die Augenhöhlen sind geringfügig verschieden geformt; die rechte Augenhöhle ist mehr kreisförmig, während die linke einen etwas mehr viereckigen Eingang hat.

Auch Gesichter sind asymmetrisch. Bekannt ist die Spielerei, die rechte Gesichtshälfte und ihr Spiegelbild sowie die linke Gesichtshälfte und ihr Spiegelbild zu symmetrischen Gesichtern zusammenzusetzen. Sie unterscheiden sich meist deutlich vom Original.

Die Rechts/Links-Unterschiede setzen sich bis zu den Beinen fort: Standbein, Sprungbein, Rechtsfuß und Linksfuß beim Fußballspielen. Den beiden unterschiedlichen Seiten des Körpers entsprechen Unterschiede im Gehirn. Dabei steuert die linke Gehirnhälfte die rechte Körperseite und die rechte Gehirnhälfte die linke Körperseite.

## SITUS INVERSUS

Beim Situs inversus sind die inneren Organe spiegelbildlich zum Normalfall gelagert: Herz und Magen liegen rechts, die Leber links; auch das Darmsystem ist seitenverkehrt. Die Häufigkeit des Situs inversus beträgt 0,014 Prozent. Bei verwachsenen Zwillingen besitzt der linke Partner stets einen regulären Situs, der rechte hat in der Regel einen inversen Situs.

Die meisten eineiigen Zwillinge haben einen normalen Situs. Situs inversus bei einem Partner wird aber immerhin bei etwa 10 Prozent der eineiigen Zwillinge beobachtet. Offenbar hängt es vom Zeitpunkt der Teilung des befruchteten Eis ab, ob es zur Ausbildung eines Situs inversus kommt. Erfolgt die zur Zwillingsbildung führende Trennung in einem

## SITUS INVERSUS – BEI EINEIIGEN UND VERWACHSENEN ZWILLINGEN GEHÄUFT

frühen Stadium, dann entwickelt sich jeder der beiden Keime zu einem normalen Individuum. In späteren Stadien ist die Seitendifferenzierung soweit fortgeschritten, daß bei einem von zwei eineiigen Zwillingen ein Situs inversus auftritt. Auch in bezug auf andere händige Merkmale (Haarwirbel, Papillarlinien, Rechtshändigkeit) sind eineiige Zwillinge häufig gleich, gelegentlich aber auch spiegelbildlich zueinander.

## HÄNDIGE „KÖRPERSPRACHE"

Die Händigkeit des Haarwirbels ist ein ausgeprägtes menschliches Rechts/Links-Element. Abbildung 212 zeigt einen linkshändigen Haarwirbel. Folgt man den Haaren von den Spitzen zu den Wurzeln (vom Beobachter weg!), so beschreibt man eine Bewegung gegen den Uhrzeigersinn. Diese Linkshändigkeit wurde schon 1768 von Kant in seinem Aufsatz Von dem ersten Grunde des Unterschieds der Gegenden im Raume angesprochen:

### „DIE HAARE AUF DEM WIRBEL ALLER MENSCHEN SIND VON DER LINKEN GEGEN DIE RECHTE GEWANDT."

In der Zeitschrift Apotheken Umschau 1998, S. 47 wird die Häufigkeit des linkshändigen Wirbels mit 80 Prozent angegeben. Diese Angabe wurde durch eine Haarwirbelanalyse in der 30köpfigen Arbeitsgruppe des Autors bestätigt. Dabei wird die Analyse durch das

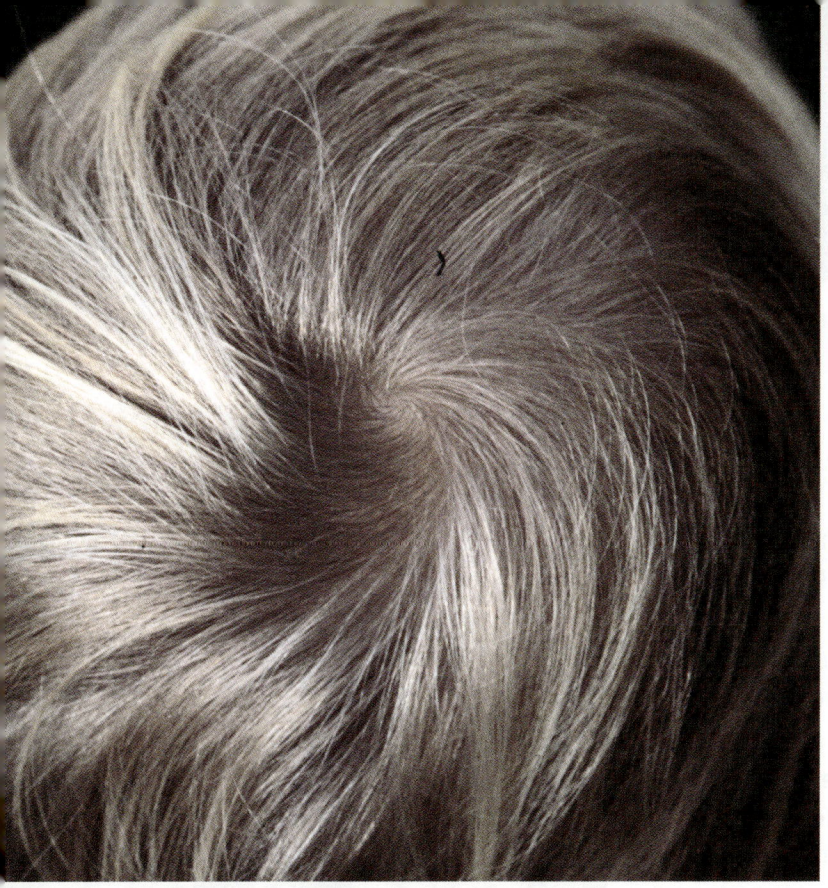

**Abb. 212**  Linkshändiger Haarwirbel

Kämmen kompliziert, das meist von vorn nach hinten erfolgt. Auch bei eindeutiger Richtung des Haarwirbels führt dies dazu, daß die Haare links und rechts vom Wirbel nach hinten und unten gewöhnt werden und so verschiedene Händigkeiten annehmen. Überraschend war, daß zu den wenigen, die einen rechtsspiraligen Haarwirbel hatten, die beiden Linkshänder der Gruppe gehörten.

Händige Körperhaltungen treten auch auf, wenn man beim Händefalten die Finger miteinander verzahnt, wenn man die Arme verschränkt oder wenn man die Beine übereinanderschlägt. Obwohl es nach W. Ludwig bei diesen Merkmalen keine Rechts/Links-Bevorzugungen geben sollte, verzahnten zwanzig von den dreißig Mitgliedern der Gruppe, also zwei Drittel, die Finger beim Händefalten so, daß der linke Daumen oben war (Abb. 213). Ein Drittel faltete die Hände anders herum.

Beim Armeverschränken betrug das Verhältnis „linker Arm oben" : „rechter Arm oben" ebenfalls zwei Drittel zu ein Drittel (Abb. 214). Zwei Drittel der Versuchspersonen schlug das rechte Bein über das linke (Abb. 215). Interessant waren folgende Korrelationen: Etwa die Hälfte aller Gruppenmitglieder faltete die Hände so, daß der linke Daumen oben war,

**Abb. 213**  Verzahnung der Finger beim Händefalten

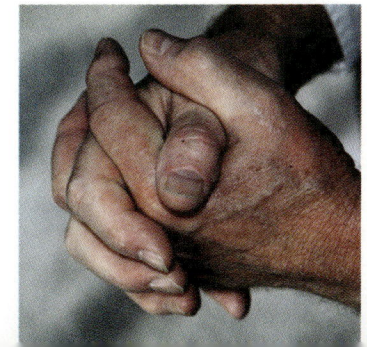

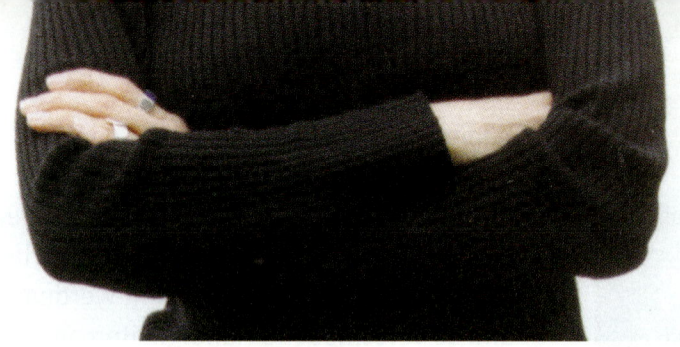

Abb. 214　Verschränken der Arme

Abb. 215　Übereinanderschlagen der Beine

beim Armeverschränken blieb der linke Arm oben, und beim Übereinanderschlagen der Beine lag das rechte Bein über dem linken. Dieses Verhalten entspricht offenbar dem Mehrheitsverhalten. Das genau entgegengesetzte Verhalten zeigte nur etwa ein Zehntel der Testgruppe. Für den Rest waren keine klaren Korrelationen möglich.

　　Während typische Rechtshänder ihren Kaffee im Uhrzeigersinn umrühren, tun das extreme Linkshänder gegen den Uhrzeigersinn. Als Schlaflage werden sowohl Rechts- als auch Linkslage eingenommen. Beim Einschlafen scheint die rechte Seite etwas bevorzugt zu sein. Beim Applaudieren und beim Händereiben jedoch treten deutliche Unterschiede auf. Rechtshänder schlagen beim Klatschen mit der rechten Hand in die linke, und beim Händereiben massiert die rechte Hand den linken Daumen. Linkshänder machen diese Bewegungen spiegelbildlich. Klatschen und Händereiben sind Tests zur Überprüfung auf Linkshändigkeit, da sie durch Erziehung nicht umgestimmt werden.

Manchmal schreibt die Mode vor, der korrekt gekleidete Herr habe eine gestreifte Krawatte zu tragen, ein andermal sind geblümte Krawatten „in". Jedenfalls hatten die klassisch schräg gestreiften Krawatten seit Beginn der Krawattenkultur immer ihr Publikum. Streifen von links oben nach rechts unten bzw. Streifen von rechts oben nach links unten sind auch eine Art Bild/Spiegelbild-Problem.

Es ist eine lange europäische Tradition, die Krawattenstreifen von links oben nach rechts unten laufen zu lassen (vom Krawattenträger aus gesehen). An diese Tradition halten sich alle europäischen Länder und die entsprechenden Hersteller. Wem das bisher noch nicht aufgefallen ist, den wird überraschen, daß man in Deutschland und auch in anderen europäischen Ländern in der Regel nur Krawatten mit eben dieser Streifenrichtung kaufen kann. Krawatten mit der entgegengesetzten Streifenrichtung gibt es meist nicht. In den USA ist es genau umgekehrt: Hier laufen die Krawattenstreifen von rechts oben nach links unten, und auch das hat eine lange Tradition. Man kann gestreifte Krawatten daher aufgrund dieses Unterschiedes mit relativ großer Treffsicherheit geographisch zuordnen. In diesem Punkt ist die stereochemische Durchlässigkeit zwischen Europa und USA auch heute noch gering.

**Abb. 216**   E.J. Corey, Nobelpreisträger für Chemie 1990, mit amerikanisch gestreifter Krawatte

**Abb. 217** Krawatten der Gesellschaft Deutscher Chemiker und der Alexander von Humboldt-Stiftung sowie Bild/Spiegelbild-Krawattenpaar

Abb. 216 zeigt E. J. Corey, Nobelpreisträger 1990 für Chemie, mit seinem Lorbeerkranz und einer „amerikanisch" gestreiften Krawatte. In Abbildung 217 sind auf der linken Seite zwei typische „europäisch" gestreifte Krawatten zu sehen. Die eine ist die offizielle Krawatte der Gesellschaft Deutscher Chemiker, die andere die Krawatte der Alexander von Humboldt-Stiftung. Auf der rechten Seite von Abbildung 217 stehen zwei handgearbeitete Krawatten einander gegenüber, eine mit dem europäischen und eine mit dem amerikanischen Streifendesign.

Über die Herkunft dieser Traditionen ist viel gerätselt worden. Eine Erklärung verlegt den Ursprung ins mittelalterliche England. Jede englische Ritterfamilie hatte ihr eigenes Wappen und Schildmuster, das oft lediglich aus einem farbigen Querstreifen auf andersfarbigem Grund bestand (Abb. 218, links).

Bei längerer Abwesenheit der Ritter von zu Hause kam es auch zu unehelichem Nachwuchs, der halb zur Familie gehörte und halb nicht. Diese „halbe" Zugehörigkeit wurde in Wappen und Schild gelegentlich so zum Ausdruck gebracht, wie in Abbildung 218 rechts angedeutet: Ohne die Farben zu verändern, wurde der Streifen in entgegengesetzter Richtung über den Untergrund geführt. Als die Auswanderung von England nach Amerika einsetzte, gingen weniger die Etablierten und Wohlsituierten mit dem „richtigen" Streifen, sondern mehr die „Bastarde", die immer Schwierigkeiten hatten, und diese nahmen die entgegengesetzte Streifenrichtung mit.

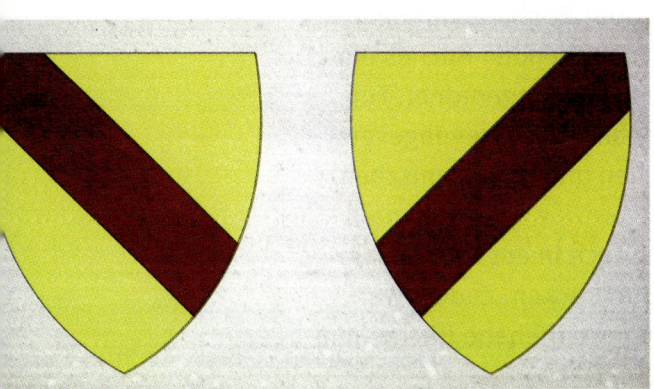

**Abb. 218** Spiegelbildliche Wappen

## BUCHRÜCKEN

Auf manchen Büchern, insbesondere auf dicken, findet man den Titel waagrecht bezüglich des senkrecht stehenden Buches. Beim Suchen in der Bibliothek erleichtert das die Arbeit, denn man muß zum Lesen den Kopf weder nach rechts noch nach links neigen.

In aller Regel ist jedoch der Titel in Längsrichtung auf den Buchrücken gedruckt, vor allem wenn es sich um eine längere Überschrift handelt. Dafür gibt es zwei Möglichkeiten, die ein Rechts/Links-Problem darstellen. Hat man den Titel bei einem senkrecht stehenden Buch von unten nach oben zu lesen, so muß man den Kopf nach links neigen. Der von oben

nach unten angeordnete Titel ist mit einer Rechtsneigung zu lesen. Beim Suchen in der Bibliothek ist es augesprochen lästig, sich auf die ständig wechselnden Rechts/Links-Verhältnisse einzustellen. Gibt es Präferenzen und eine Erklärung dafür?

## BUCHRÜCKEN – EUROPÄISCH ODER AMERIKANISCH

Bei Büchern, die in nicht-englischen europäischen Sprachen geschrieben waren, war über lange Zeit hinweg der Buchtitel auf dem Rücken eines senkrecht stehenden Buches einheitlich von unten nach oben angeordnet. Für englisch bzw. amerikanisch geschriebene Bücher galt und gilt genau das Entgegengesetzte. Damit existierten in der Vergangenheit Buchrücken europäischen und amerikanischen Stils nebeneinander (Abb. 219).

In neuerer Zeit, in der die wissenschaftliche Literatur fast nur noch in englischer Sprache erscheint, dominiert eindeutig der englisch/amerikanische Buchrücken. Zudem werden zunehmend auch in nicht-englischen europäischen Sprachen geschriebene Bücher mit einem englisch/amerikanischen Rücken ausgestattet. Wie am Rücken des vorliegenden Buches zu sehen ist, hat sich auch WILEY-VCH, Weinheim, Deutschland, dieser Vorgehensweise angeschlossen.

**Abb. 219** Buchrücken mit europäischer bzw. amerikanischer Beschriftung

**Z**u Beginn des Buches hatten wir zwischen händigen und nicht-händigen Körpern nur anhand des Kriteriums des Nicht-zur-Deckung-Bringens bzw. Zur-Deckung-Bringens unterschieden. In der Mitte des Buches kamen das vierfach verschieden substituierten Tetraeder (zwei Formen) und das vierfach verschieden substituierte Quadrat (nur eine Form) hinzu. Im folgenden werden die Symmetrieelemente und der Begriff der Dissymmetrie vorgestellt, mit deren Hilfe die Entscheidung händig/nicht-händig mathematisch rigoros getroffen werden kann.

Für Betrachtungen zur Molekülsymmetrie benötigt man vier Typen von Symmetrie-elementen

**Drehachsen $C_n$ [n = 1, 2, 3, 4 ...]**
**Symmetrieebene $\sigma$**
**Inversionszentrum i**
**Drehspiegelachsen $S_n$ [n = (1, 2), 3, 4 ...]**

Bei den Drehachsen $C_n$ ist die zugehörige Symmetrieoperation eine Drehung um 360°/n. Beispielsweise wird bei einer einzähligen Drehachse $C_1$ um 360°/1 = 360° gedreht (Identität). Eine zweizählige Drehachse $C_2$ erfordert eine Drehung um 360°/2 = 180°, eine dreizählige

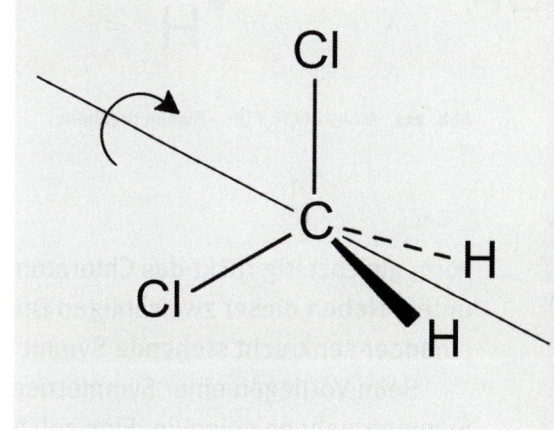

**Abb. 220**  Molekül $CH_2Cl_2$ – zweizählige Drehachse

Drehachse $C_3$ eine Drehung 360°/3 = 120° usw. Ein Beispiel für ein Molekül mit einer zwei-zähligen Drehachse ist die tetraedrische Verbindung Dichlormethan $CH_2Cl_2$ (Abb. 220). Die zweizählige Drehachse ist eingezeichnet. Sie liegt in der Zeichenebene und halbiert die Winkel zwischen den beiden Wasserstoffatomen und den beiden Chloratomen. Bei einer Drehung um 180° kommt das vordere Wasserstoffatom nach hinten und das hintere nach

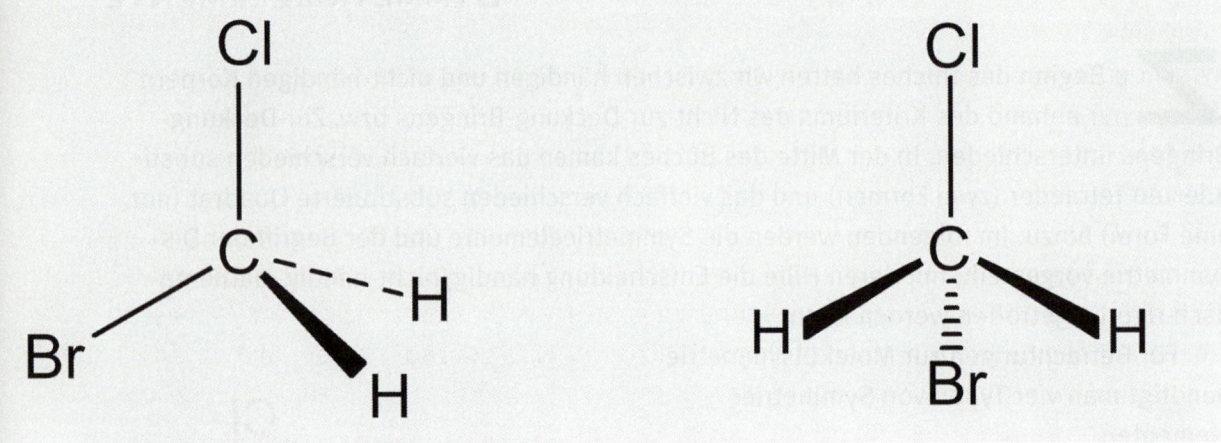

**Abb. 221** Molekül $CH_2ClBr$ – Symmetrieebene

vorn, gleichzeitig rückt das Chloratom links unten nach oben und das obere nach links unten. Neben dieser zweizähligen Drehachse enthält das Molekül $CH_2Cl_2$ noch zwei aufeinander senkrecht stehende Symmetrieebenen.

Beim Vorliegen einer Symmetrieebene läßt sich jeder Punkt eines Objekts an dieser Symmetrieebene spiegeln. Eine solche Symmetrieebene ist im Molekül $CH_2ClBr$ (Abb. 221) als einziges Symmetrieelement enthalten. In der linken Formel ist die Zeichenebene diese Symmetrieebene. Eine Spiegelung an dieser Ebene überführt das Chloratom, das Bromatom und auch das zentrale Kohlenstoffatom, die in dieser Ebene liegen, in sich selbst, während das vordere Wasserstoffatom nach hinten gelangt und umgekehrt. In der rechten Formel wurde das Molekül $CH_2ClBr$ um 90° gedreht. Die Symmetrieebene steht dann senkrecht auf der Zeichenebene. Sie verläuft von oben nach unten und enthält die Atome Cl, C und Br. Die Wasserstoffatome befinden sich jeweils auf der linken und auf der rechten Seite.

Die zum Inversionszentrum gehörende Symmetrieoperation ist die Inversion durch ein Zentrum hindurch. Bei Drehspiegelachsen wird um den der Zähligkeit entsprechenden Winkel gedreht und senkrecht zur Achse gespiegelt. Die zu einer dreizähligen Drehspiegelachse $S_3$ gehörende Symmetrieoperation ist somit eine Drehung um 120° und eine Spiegelung an einer Ebene senkrecht zu dieser Achse. Entsprechendes gilt für höhere Drehspiegelachsen $S_n$.

Die Drehspiegelachsen $S_1$ und $S_2$ sind der Symmetrieebene $\sigma$ und dem Inversionszentrum i äquivalent. Bei einer einzähligen Drehspiegelachse $S_1$ wird um 360° gedreht (Identität) und an einer Ebene senkrecht dazu gespiegelt. Dies entspricht einer Symmetrieebene $\sigma$. Bei einer zweizähligen Drehspiegelachse $S_2$ wird um 180° gedreht und an einer Ebene senkrecht dazu gespiegelt. Diese Symmetrieoperation entspricht einer Inversion durch ein Zentrum hindurch. Wenn man will, kann man daher die vier Typen von Symmetrieelementen auch auf zwei reduzieren: Drehachsen $C_n$ und Drehspiegelachsen $S_n$ (mit $S_1$ = $\sigma$ und $S_2$ = i).

## DISSYMMETRIE

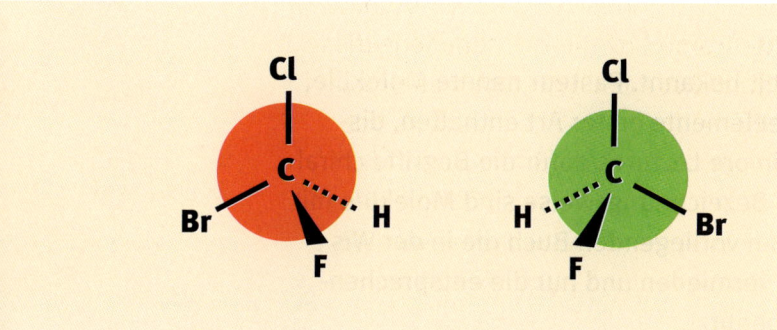

**Abb. 222** Molekül CHFClBr – asymmetrisch

D as Molekül CHFClBr ist ein vierfach verschieden substituiertes Tetraeder. Wie die Aminosäure Alanin in Abbildung 105 enthält es überhaupt kein Symmetrieelement; es ist asymmetrisch. In solchen Fällen sind Bild und Spiegelbild immer verschieden (Abb. 222).

Manche Moleküle enthalten nur Drehachsen (zweizählige, dreizählige usw.). Auch bei diesen Molekülen lassen sich Bild und Spiegelbild nicht zur Deckung bringen. Man nennt diese Drehachsen daher Symmetrieelemente erster Art. Anders ist es, wenn ein Molekül ein Symmetrieelement zweiter Art (Symmetrieebene, Inversionszentrum, Drehspiegelachse) enthält. Für solche Moleküle werden Bild und Spiegelbild identisch. Ein Beispiel dafür war das vierfach verschieden substituierte Quadrat in Abbildung 103, dessen Atome alle in der vorhandenen Symmetrieebene liegen. Mit Hilfe der Symmetrieelemente läßt sich also leicht entscheiden, ob Bild und Spiegelbild eines Objekts zwei verschiedene Formen sind oder nicht.

**Drehachsen $C_n$ [n = 1, 2, 3, 4 ...]**    **Symmetrieelemente erster Art  →  chiral**

---

**Symmetrieebene $\sigma$**
**Inversionszentrum i**
**Drehspiegelachsen $S_n$**
**  [n = (1, 2), 3, 4 ...]**        **Symmetrieelemente zweiter Art  →  achiral**

Diese Symmetriebeziehungen sind seit langer Zeit bekannt. Pasteur nannte Moleküle, die entweder asymmetrisch sind oder nur Symmetrieelemente erster Art enthalten, dissymmetrisch. Lord Kelvin schlug 1893 in seinen Baltimore Lectures dafür die Begriffe chiral (händig) und Chiralität (Händigkeit) vor. Nach dieser Bezeichnungsweise sind Moleküle mit Symmetrieelementen zweiter Art achiral. Wir haben im vorliegenden Buch die in der Wissenschaft gebräuchlichen Begriffe chiral und achiral vermieden und nur die entsprechenden deutschen Ausdrücke händig und nicht-händig benützt.

**Abb. 223** Konische Helix – asymmetrisch

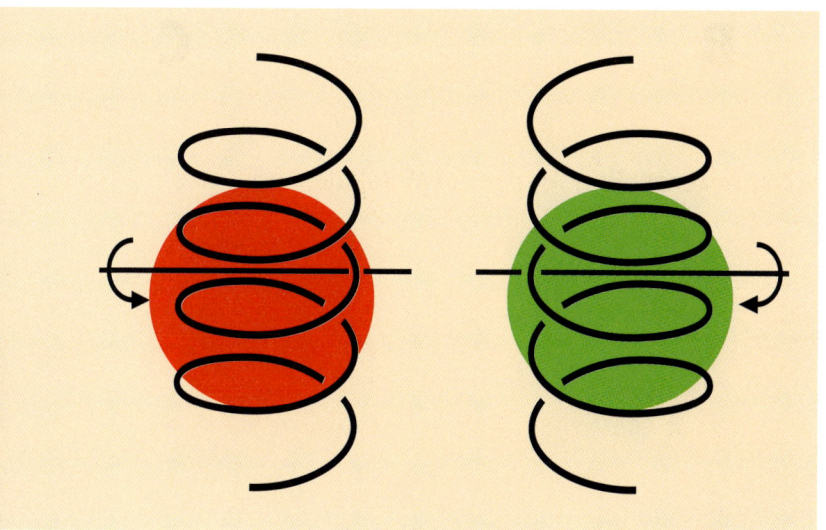

**Abb. 224** Zylindrische Helix – zweizählige Drehachse

Die Beziehung zwischen Symmetrie und Händigkeit soll abschließend an den Spiralen in den Abbildungen 223 und 224 erläutert werden. Den Spiralentyp in Abbildung 223, dessen Windungen von unten nach oben zusammenlaufen, bezeichnet man als konische Helix. Sie enthält keinerlei Symmetrieelemente. Bild und Spiegelbild sind verschieden. Zu diesem Symmetrietyp gehören die Schneckenhäuser.

Der Spiralentyp in Abbildung 224 heißt zylindrische Helix. Sie enthält, wie eingezeichnet, eine zweizählige Drehachse. Bei einer Drehung um 180° schwenkt die obere Hälfte nach unten und die untere nach oben. Eine zweizählige Drehachse ist ein Symmetrieelement erster Art. Bild und Spiegelbild sind daher auch für die zylindrische Helix verschieden. Diesem Symmetrietyp gehören die gewundenen Säulen, die Kletterpflanzen und auch die Propeller an.

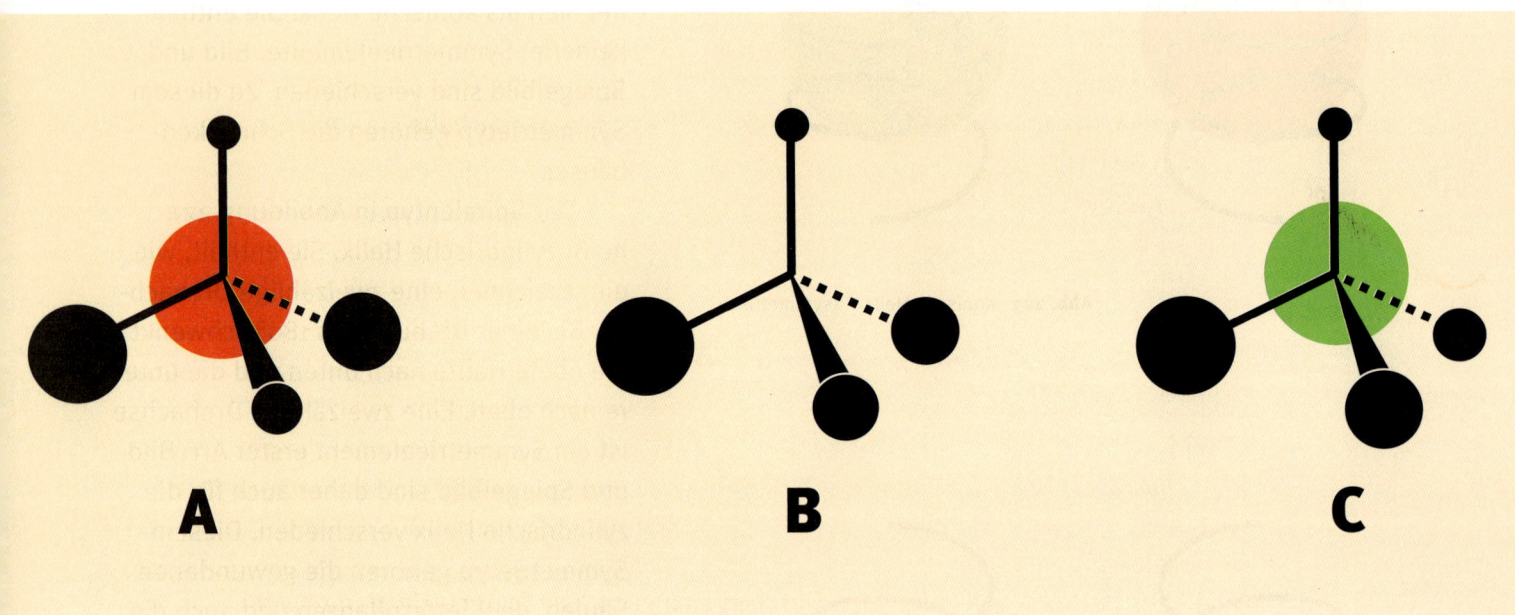

**Abb. 225** Tedraeder – Übergang von Bild zu Spiegelbild

Auch Stereochemikern ist häufig nicht bekannt, daß das so einfach erscheinende Phänomen der Händigkeit (Bild und Spiegelbild) eine Substruktur besitzt. Dies soll an zwei Beispielen demonstriert werden, einem vierfach verschieden substituierten Tetraeder und einem sechsfach verschieden substituierten Oktaeder.

In Abbildung 225 ist ein vierfach verschieden substituiertes Tetraeder, wie wir es bei den Aminosäuren und der Verbindung CHFClBr kennengelernt haben, dadurch dargestellt, daß an den Ecken verschieden große Kugeln angebracht sind. Vergrößert man die zweitkleinste Kugel rechts vorn und verkleinert man gleichzeitig die zweitgrößte Kugel rechts hinten in A, so kommt man zwangsläufig zur Situation B in Abbildung 225 Mitte. Dann sind die Kugeln rechts vorn und rechts hinten gleich groß. Das Modell enthält jetzt eine Symmetrieebene, die Zeichenebene. Setzen wir die Vergrößerung rechts vorne und die Verkleinerung links hinten fort, so erreichen wir C, das Spiegelbild der Ausgangsform A. Die Bild/Spiegelbild-Beziehung von A und C wird deutlich, wenn man sich C um 180° gedreht denkt.

Das Molekül A und alle Zwischenformen auf dem Weg von A nach B sind asymmetrisch, genauso das Molekül C und alle Zwischenformen von B nach C. A hat daher ein Spiegelbild C, und jede der Zwischenformen A → B hat ein Spiegelbild B ← C, das mit ihm nicht zur Deckung zu bringen ist. Bei B ist es anders: Die Symmetrieebene macht B nichthändig. Bild und Spiegelbild sind für B identisch. B ist eine klare Grenze zwischen der Links-Welt auf der A-Seite und der Rechts-Welt auf der C-Seite. Alle händigen Objekte, die diese Symmetrieeigenschaften haben, gehören zur Klasse a.

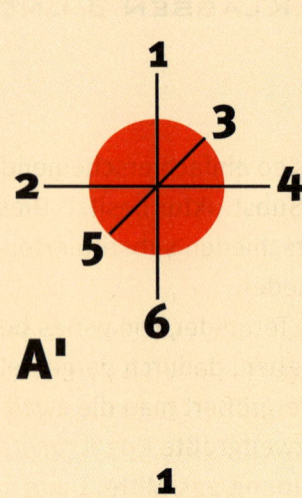

**A'**

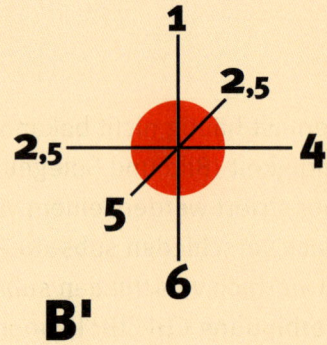

**B'**

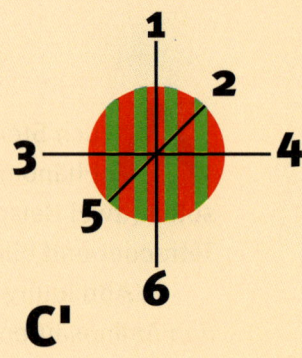

**C'**

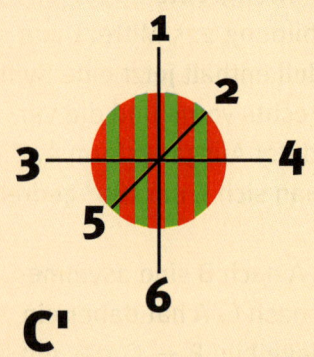

**C'**

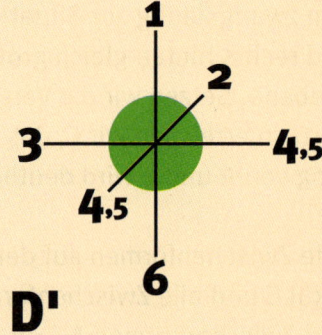

**D'**

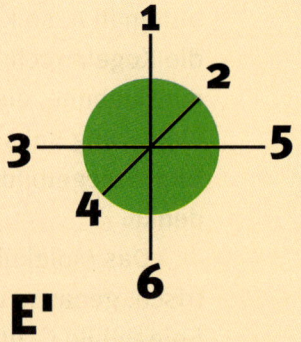

**E'**

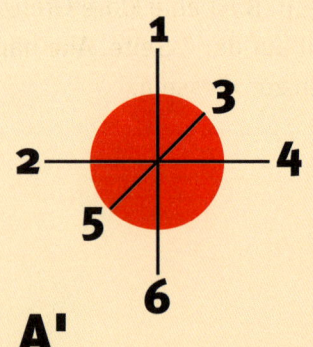

**A'**

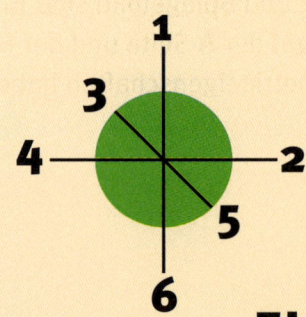

**E'**

Bei einem Oktaeder haben wir sechs Positionen, die in Abbildung 226 mit 1 bis 6 bezeichnet sind. Die Zahlen 1 bis 6 sollen dabei für die Größe von Kugeln stehen. Gleichen wir ausgehend von A' die Größe der Kugeln 2 und 3 wie vorher einander an, so kommen wir zu B', wenn wir an beiden Stellen die Größe 2,5 erreicht haben. Im Gegensatz zum Tetraeder enthält B' aber kein Symmetrieelement. B' ist wie A' und alle Zwischenformen zwischen A' und B' asymmetrisch, und daran ändert sich auch nichts, wenn wir die Größenveränderung von 2 und 3 bis zu C' fortsetzen. Nehmen wir von C' ausgehend die entsprechende Größenveränderung von 4 und 5 vor, dann kommen wir bei zweimal 4,5 zu D'. D' ist wie alle Zwischenformen C' → D' und D' → E' asymmetrisch. Nach Abschluß des Prozesses ist mit E' ein Oktaeder entstanden, das spiegelbildlich zum Ausgangsoktaeder A' ist. Das ist besonders gut zu sehen, wenn man E' um 90° dreht (Abb. 226 unten). Der entscheidende Unterschied zum Tetraeder ist, daß beim Oktaeder auf dem ganzen Weg vom Bild zum Spiegelbild keine nicht-händige Struktur durchlaufen wurde. Dies soll insbesondere durch die Farbenmischung rot/grün in C', das zwischen A' (rot) und E' (grün) steht, zum Ausdruck gebracht werden. Alle händigen Objekte, die diese Symmetrieeigenschaften besitzen, gehören zur Klasse b. Für die Klasse b gibt es also keine nicht-händige Grenze, die die Links-Welt von der Rechts-Welt trennt. Bild und Spiegelbild sind Bestandteile ein und desselben stereochemischen Kontinuums.

Trotz dieser Strukturierung der händigen Objekte in die Klassen a und b, die ihre Ursache in den Symmetrieeigenschaften der zugrunde liegenden Gerüste hat, bleibt jedoch gültig, daß bei einer Spiegelung ein Bild in sein Spiegelbild übergeht und bei nochmaliger Spiegelung aus dem Spiegelbild wieder das Bild entsteht. Andere Möglichkeiten als Bild und Spiegelbild existieren nicht, weder für die Klasse a noch für die Klasse b.

**Abb. 226** Oktaeder – Übergang von Bild zu Spiegelbild

# DER „HÄNDIGE BLICK"

**S**eit ich mich mit Stereochemie beschäftige, fasziniert mich das Bild/Spiegelbild-Phänomen. Es gehört zu den klaren Alternativen, für die es nur zwei Möglichkeiten gibt. Ja/nein zählt ebenso dazu wie 0/1 im Dual-Zahlensystem oder geschlossen/offen in der Computersprache. Die Alternative rechts/links bzw. Bild/Spiegelbild fächert allerdings weit auf, wenn man sie mit Leben füllt und das Leben einbezieht.

Ich habe mir angewöhnt, alles nach einer möglichen Rechts/Links-Differenzierung zu untersuchen. Ich nenne das „die Dinge mit dem händigen Blick betrachten". Durch Eingliederung von Rechts/Links-Bildern in meine Stereochemie-Vorlesungen versuche ich, fortgeschrittene Studenten „händig" zu infizieren. Erfreulicherweise kommen von den Studenten und von meinen Mitarbeitern viele „händige Rückmeldungen". Auch Kollegen schicken mir immer wieder Bilder zu dieser Thematik. Einige dieser Bilder bereichern das vorliegende Buch. Den „händigen Blick" haben inzwischen auch alle Mitglieder meiner Familie, die mich auf eine Reihe von Rechts/Links-Erscheinungen aufmerksam gemacht haben, die mir entgangen waren.

Liebe Leserin, lieber Leser! Ich hoffe, daß es mir mit diesem Buch gelungen ist zu zeigen, daß hinter rechts und links mehr steckt als bloße Richtungsangaben (Abb. 227). Ich würde mich freuen, wenn ich auch Sie rechts/links-bewußt und rechts/links-suchend gemacht hätte.

**Abb. 227** Rechts oder links – mehr als bloße Richtungsangaben

# BILDNACHWEISE

**Abb. 5.** Tierisch ernst, Peter Nüesch, Mittelbayerische Druck- und Verlagsgesellschaft, Regensburg, 1996, Bild: Ivana Koubek
**Abb. 6.** Preisliste, Ausgabe 1/96, Logo „Der LINKs Händer", Versand für Linkshänderartikel Manfred Link, Neu-Isenburg
**Abb. 11.** Italien Klassische Reiseziele – Die Peterskirche in Rom, Manfred Pawlak Verlagsgesellschaft mbH, Herrsching, 1989
**Abb. 12.** Welch herrliches Schauspiel bot sich unseren Augen, Jürgen Strauss, Magazin-Kulturverlags-Gesellschaft, Klagenfurt
**Abb. 17.** Werbeprospekt der Stadt Camerino **Abb. 28.** Ansichtskarte, Horowitz & Weege GmbH, Wien **Abb. 29.** Ansichtskarte, Photobusiness, Leopoldsdorf **Abb. 30.** Synthesis, Georg Thieme Verlag, Stuttgart **Abb. 33-35.** Die Muschel, H. und M. Stix, R. T. Abbott, H. Landshoff, Belser Verlag, Stuttgart, 1978 **Abb. 51.** Synthesis, Georg Thieme Verlag, Stuttgart **Abb. 60.** Werbematerial Firma Schott, Mainz **Abb. 61.** Mittelbayerische Zeitung, 13.09.1996, Foto: Deutsche Presseagentur **Abb. 83.** Ansichtskarte, Stadt Duderstadt, Fremdenverkehrsamt **Abb. 88.** Ansichtskarte, Editions Valoire – Blois **Abb. 89.** Ansichtskarte, Verlag Schöning & Co. + Gebr. Schmidt, Lübeck **Abb. 90.** Vatikanstadt, Francesco Roncalli, Gestione Vendita Pubblicazioni, Città del Vaticano e SCALA, Instituto Fotografico Editoriale, Antella (Firenze), 1989 **Abb. 92.** Hauptstadtbau, Christian Bahr, Günter Schneider, Jaron Verlag GmbH, Berlin, 1997. **Abb. 96.** Tierisch ernst, Peter Nüesch, Mittelbayerische Druck- und Verlagsgesellschaft, Regensburg, 1996, Bild: Ivana Koubek **Abb. 97 und 98.** Einhorn, R. R. Beer, Verlag Georg D. W. Callwey, München, 1972 **Abb. 106.** Kochen mit Blumen, Lilo Hosslin und Kreativküche Weidmann, Albert Müller Verlag, Rüschlikon-Zürich, 1987 **Abb. 110.** Developmental Biology, S. F. Gilbert, Sinauer Associates, Inc. Publishers, Sunderland, Massachusetts, 1994 **Abb. 121, 122 und 124.** Brockhaus Enzyklopädie, F. A. Brockhaus, Wiesbaden, 1967 **Abb. 126-128.** Drug Stereochemistry, I. W. Wainer, D. E. Drayer, Marcel Dekker, Inc., New York, 1988 **Abb. 132.** Leprosy in Africans, Deutsches Aussätzigenhilfswerk e.V., Mariannhillstr. 1c, Würzburg, 1986 **Abb. 143 und 144.** Research, Heft 9, Bayer AG, Leverkusen, 1997 **Abb. 145.** Diaserie Ammoniak-Synthese, Fonds der Chemischen Industrie, 1981 **Abb. 146.** Heute für morgen, Henkel KGaA, Düsseldorf **Abb. 151.** Werbeprospekt Eau de Toilette Catalyst, Fa. Halston, München **Abb. 160.** Die Antiqualinie von ca. −1500 bis ca. +1500, H. E. Brekle, Nodus Publikationen, Münster, 1994. **Abb. 161.** Dynamische (A)Symmetrien, H. E. Brekle, Blick in die Wissenschaft, Forschungsmagazin der Universität Regensburg, Heft 8, 1996 **Abb. 162.** Ansichtskarte, Eglise St.-Etienne du Mont, Editions Gaud, Moisenay-le-Petit **Abb. 163 und 164.** Grzimeks Enzyklopädie, Band 5 Säugetiere, Kindler Verlag, München, 1988 **Abb. 166.** Ansichtskarte Ziegelrote Brennwinde, Benedikt Taschen Verlag GmbH, Köln, 1993 **Abb. 170.** Ise und Izumo, T. Obayashi, Herder Verlag, Freiburg, 1982. **Abb. 173.** Chemical & Engineering News, 1998 **Abb. 174.** Die Doppel-Helix, J. D. Watson, Rohwohlt, Reinbeck, 1969 **Abb. 175.** Angewandte Chemie, WILEY-VCH, Weinheim, 1998 **Abb. 180.** LC•GC International, Bd. 8, Nr. 12, 1995, Chester, U.K. **Abb. 183.** Giftpflanzen in Natur und Garten, W. Buff, K. von der Dunk, Verlag Paul Parey, Berlin, 1988 **Abb. 193.** Mittelbayerische Zeitung, 23.01.1999, Photo American Press **Abb. 201.** Formen, I. Riedel, Kreuz-Verlag, Stuttgart, 1985 **Abb. 203 und 204.** Knaurs Tierreich in Farben – Niedere Tiere, R. Buchsbaum, L. J. Milne, Verlag Droemer Knaur, München/Zürich, 1960 **Abb. 205 und 206.** Brehms Neue Tierenzyklopädie, Bd. 10, Verlag Herder, Freiburg, 1976 **Abb. 207 und 208.** Das Rechts-Links-Problem im Tierreich und beim Menschen, Wilhelm Ludwig, Springer-Verlag, Berlin, 1932, Neuauflage 1970 **Abb. 209.** Bruno Baur, Universität Basel in Horizonte, Schweizerischer Nationalfonds zur Förderung der Wissenschaften, Bern, 1992 **Abb. 216.** Chemical & Engineering News, 1990 **Abb. 1 - 4, 8, 26, 101 - 105, 108, 109, 129 - 131, 133 - 137, 138 - 141, 152 - 155, 197 - 199, 222 - 227.** Henri Brunner / Anne Sommer-Meyer